실전 *Test*

모의고사 문제집
네/일/미/용/사

김형숙, 유송희, 최은주 감수
네일국가시험문제연구소 저자

IRM (주)영림미디어

모의고사 문제집 네일미용사

첫째판 1쇄 인쇄 2015. 1. 12
첫째판 1쇄 발행 2015. 1. 19

감 수	김형숙, 유송희, 최은주	
저 자	네일국가시험문제연구소	
발 행 인	이혜미	
기 획	전지영	
편 집	최서예	
발 행 처	㈜영림미디어	
주 소	(121-894) 서울 마포구 서교동 375-32 무해빌딩 2F	
전 화	(02)6395-0045 / 팩스 (02)6395-0046	
등 록	제2012-000356호(2012.11.1)	

이 도서의 국립중앙도서관 출판예정도서목록(CIP)은 서지정보유통지
원시스템 홈페이지(http://seoji.nl.go.kr)와 국가자료공동목록시스템
(http://www.nl.go.kr/kolisnet)에서 이용하실 수 있습니다. (CIP제어번호
: CIP2014027683)

*파본은 교환하여 드립니다.
*검인은 저자와의 합의하에 생략합니다.

ISBN 979-11-85834-07-8
정 가 12,000원

김형숙

· 수원여자대학교 평생교육원 주임교수
· 크리스틴 발미 뷰티아카데미 대표
· (사) 한국네일예술교류협회 이사
· 월드뷰티 발행인
· 월드뷰티문화교육 원장

유송희

· 현) 디딤발 피부미용학원 원장
· 현) 루디아 피부비만관리 원장
· 전) 서경대학교 평생교육원 외래교수
· 전) 서울장신대학교 자연치유아카데미 교수
· 전) 서울여자간호대학 사회건강복지 외래교수

최은주

· 미용학박사학위
· 웨스트민스터대학원대학교 겸임교수
· 에스미디어화장품연구소 팀장
· 서경대학교 외래교수

Part 01

맞/춤/해/설

01

마누스(Manus)는 손을 지칭하고 큐라(Cura)는 관리를 지칭한다.

02

1935년 인조 네일이 개발되었다.

03

주술적인 의미로 전쟁터에 나가는 군사들의 입술과 네일에 같은 색을 칠해 승리를 기원함으로써 남성의 네일 관리가 시작되었다.

네일개론

 적/중/예/상/문/제

01. 매니큐어의 어원을 지칭하는 라틴어는 다음 중 무엇인가?

① 마누스(Manus), 큐라(Cura)
② 페디스(Pedis), 큐라(Cura)
③ 매니스(Manis), 큐라(Cura)
④ 페누스(Penus), 큐라(Cura)

02. 인조 네일이 개발된 시기는 언제인가?

① 1910년대
② 1920년대
③ 1930년대
④ 1940년대

03. 남성의 네일 관리가 시작된 시대는 언제인가?

① 르네상스 시대
② 중세 시대
③ 로코코 시대
④ 근대

04. 고대 이집트와 중국에서 네일의 색상을 표현하기 위해 사용했던 추출물이 아닌 것은?

① 계란 노른자
② 헤나
③ 봉숭아
④ 코코넛

05. 역사상 가장 긴 손톱을 사용한 상류층은 어느 나라인가?

① 중국
② 한국
③ 이집트
④ 프랑스

05

중국의 상류층은 남녀 모두 5인치 정도 길렀으며 보석이나 대나무 등으로 장식하여 손톱을 보호하였다.

06. 네일 테크니션이 여성직업으로 도입된 최초의 시기는 언제인가?

① 1700년대
② 1800년대
③ 1900년대
④ 2000년대

06

1892년 네일케어가 여성들의 새로운 직업으로 미국에 도입되었다.

07. 호일을 이용한 아크릴릭 네일이 최초로 시행된 시기는 언제인가?

① 1940년대
② 1950년대
③ 1960년대
④ 1970년대

07

1957년 호일을 사용한 아크릴릭 네일이 최초로 시행되었다.

08. 패디큐어가 등장한 시기는 언제인가?

① 1950년대
② 1960년대
③ 1970년대
④ 1980년대

08

1957년에 근대적 패디큐어가 등장하게 되었다.

01. ① **02.** ③ **03.** ② **04.** ④ **05.** ① **06.** ② **07.** ② **08.** ①

09

남성의 네일이 시작된 시기는 중세 시대이며, 이발소에서 기본적인 관리를 받기 시작한 시기는 1940년이다.

09. 이발소에서 남성들이 기본적인 손톱관리를 받기 시작한 시기는 언제인가?

① 1910년대
② 1920년대
③ 1930년대
④ 1940년대

10

네일미용이란 기초관리, 마사지, 굳은살 제거, 컬러링, 인조네일 시술 등 손톱과 발톱에 관한 관리의 모든 것을 의미한다.

10. 네일이 의미하는 것은 무엇인가?

① 손과 발
② 손톱과 발톱
③ 발톱
④ 손톱

11

②번의 설명은 1900년에 대한 설명이다.

11. 다음 중 네일 관리의 발전과정에서 틀린 것은?

① 로코코 시대–네일 제품이 개발되어 대중화가 된 시기이다.
② 1850년–금속가위 및 파일을 이용하여 네일 케어가 시작된 시기이다.
③ 1925년–네일 에나멜이 일반 상점에서 구입이 가능해졌다.
④ 1967년–손과 발에 트리트먼트를 시작하였다.

12

손톱모양, 큐티클 관리, 손 마사지, 컬러링 등의 총괄적인 손의 관리를 뜻한다.

12. 라틴어의 마누스(Manus)와 큐라(Cura)에서 유래된 말은 무엇인가?

① 네일아트(Nail art)
② 패디큐어(Pedicure)
③ 매니큐어(Manicure)
④ 아크릴릭(Acrylic)

13. 다음 중 최초의 네일 케어가 BC3000년경 역사에 기록되어 있는 나라는?

① 그리스, 로마
② 그리스, 이집트
③ 중국, 로마
④ 중국, 이집트

14. 우리나라의 최초의 네일아트 숍인 그리피스가 오픈한 시기는 언제인가?

① 1980년
② 1988년
③ 1996년
④ 1998년

15. 우리나라의 네일 대중화가 시작된 년도는 언제인가?

① 1995년
② 1996년
③ 1997년
④ 1998년

16. 다음 중 우리나라 최초의 네일아트 민간자격시험제도가 시행된 때는 언제인가?

① 1980년
② 1988년
③ 1996년
④ 1998년

13

최초 5000년에 걸쳐 변화해서 BC.3000년경 중국, 이집트에서 성행 하였다.

14

우리나라 최초의 네일 숍인 그리피스가 1988년 이태원에 오픈 하였다.

15

1997년 당대 최고의 인기스타들이 네일미용을 시술하면서 대중화가 시작되었다.

16

1998년 네일아트 민간 자격시험제도가 도입, 시행 되었다.

09. ④ **10.** ② **11.** ② **12.** ③ **13.** ④ **14.** ② **15.** ③ **16.** ④

17
———
중국은 홍화, 금, 은, 검정색, 밀랍이나 난백, 벌꿀을 이용하여 미적감각과 특정 신분을 누렸다.

18
———
1956년에 헬렌 걸리에 의해 미용 교육과정에 네일이 포함되어 네일 팁의 사용이 증가 하였다.

19
———
1935년 인조 네일이 개발되었고, 1973년 네일 회사(IBD)에 의해 네일 접착제와 접착식 인조 손톱이 개발되었다.

20
———
1892년 발 전문의사인 시트(Sits)의 조카에 의해 네일 아티스트가 새로운 직업으로 미국에 도입되었다.

17. 다음 중 홍화, 난백, 벌꿀 등을 이용하여 네일 관리를 했던 나라는?

① 이집트
② 이탈리아
③ 프랑스
④ 중국

18. 다음 중 미용학교 교육과정에 네일을 포함시킨 사람은 누구인가?

① 헬렌 걸리(Helen Gouley)
② 리타 헤이워스(Rita Heyworth)
③ 노린 레호(Noreen Reho)
④ 제나(Gena)

19. 처음으로 접착식 인조 손톱을 개발한 시기는 언제인가?

① 1930년대
② 1950년대
③ 1970년대
④ 1990년대

20. 네일 아티스트가 새로운 직업으로 미국에 도입된 시기는 언제인가?

① 1800년대
② 1900년대
③ 2000년대
④ 2000년대 이후

21. 화학물질의 과다노출 시 발생 가능한 증상에 대한 설명이다. 옳지 않은 것은?

① 피부발진 및 염증
② 가벼운 두통
③ 수면증
④ 목마름

22. 네일 미용인의 안전관리 중 틀린 것은?

① 살롱 내에서는 금연한다.
② 마스크를 착용한다.
③ 위생장갑을 착용한다.
④ 보호안경은 착용하지 않아도 된다.

23. MSDS(재료 안전 자료표)는 무엇의 약자인가?

① Material Safety Data Sheet
② Material Safety Daily Sheet
③ Material Safety Data Shell
④ Match Safety Data Sheet

24. 고객의 안전관리 중 옳지 않은 것은 무엇인가?

① 발 각질 제거용 면도날의 재사용을 금지한다.
② 큐티클을 너무 세게 밀거나 바짝 자르지 않는다.
③ 네일 팁은 조상(네일베드) 길이의 1/4를 넘지 않도록 붙인다.
④ 글루를 과다사용 하지 않는다.

21

화학물질의 과다노출 시 발생 가능한 증상:피부발진 및 염증, 가벼운 두통, 불면증, 콧물과 눈물, 목이 마르고 몸이 피곤하며 나른함, 발가락이 따끔거림이 있다.

22

네일 미용을 할때는 마스크와 위생장갑, 보호안경을 착용하고 살롱 내에서는 금연을 해야 한다.

23

MSDS(재료 안전 자료표/Material Safety Data Sheet): 제품을 사용하는 사람들이 제품에 필요한 모든 정보를 볼 수 있게 제조회사가 수록해 놓은 것이다.

17. ④ 18. ① 19. ③ 20. ① 21. ③ 22. ④ 23. ① 24. ③

25

소독제는 적정농도는 70%이다.

26

어떤 화학물인지 모르는 경우 폐기한다.

27

과다하게 산성에 노출되면 알 칼리수로 중화시킨다.

28

안전기에 반드시 정격퓨즈를 사용하여야 한다.

25. 화학물질의 안전관리 중 틀린 것은?

① 아크릴 리퀴드, 솔벤트 사용 시 주의한다.
② 화학제품의 과다 사용을 금지한다.
③ 소독제는 적정농도 50%로 사용한다.
④ 시술 시 제품이 피부에 닿지 않게 한다.

26. 다음 중 화학물질의 안전관리의 설명 중 옳지 않은 것은?

① 모든 재료는 사용 후 뚜껑을 덮는다.
② 네일 폴리시와 글루드라이어 사용 시 흡연을 금한다.
③ 어떤 화학물인지 모르는 경우 내용물을 알아내서 표기를 해둔다.
④ 소독제는 적정농도로 사용한다.

27. 화학제품 중 산성물질에 노출 되었을 경우 네일 미용인의 올바른 대처 방법은?

① 흐르는 물로 잘 닦고 알칼리수로 중화 시켜준다.
② 젖은 수건으로 닦아준다.
③ 그냥 두어도 무관하다.
④ 오일을 발라준다.

28. 다음 중 전기안전관리 중 틀린 것은?

① 젖은 손으로 만지지 않는다.
② 불량 전기기구만 아니면 정격퓨즈를 사용하지 않아도 괜찮다.
③ 손상된 전기선이나 코드는 빨리 교체한다.
④ 한 개의 콘센트에 많은 전기기구를 사용하지 않는다.

29. 네일 미용인의 안전관리에 대한 설명이다 가장 옳지 않은 것은?

① 파일링 시 마스크를 착용하여 호흡기를 보호한다.
② 손님이 없을 때만 살롱에서 마시거나 먹을 수 있다.
③ 화학물질이 공중에 분산되지 않도록 한다.
④ 실내에서는 흡연을 피한다.

30. 고객의 안전관리에 대한 설명이다. 옳지 않은 것은?

① 큐티클은 바짝 잘라 깔끔하게 한다.
② 네일 팁은 조상(네일 베드) 길이의 반을 넘지 않도록 붙인다.
③ 발 각질 제거용 면도날은 매 고객마다 새것으로 사용한다.
④ 알레르기가 생기는 경우 시술을 중단하고 피부과 치료를 권유한다.

31. 재료 안전 자료를 뜻하는 용어는 무엇인가?

① MSDS
② MSCS
③ MADS
④ MSOS

32. 위생처리 도구를 소독제에 담가두는 가장 적합한 시간은?

① 최소 10분 이상
② 최소 20분 이상
③ 최소 10시간 이상
④ 최소 20시간 이상

29

손님의 유무를 떠나 살롱에서 마시거나 먹는 것을 삼간다.

30

큐티클을 너무 바짝 자르면 상처로 인한 감염의 위험이 있으므로 1mm정도 남기고 정리한다.

32

70% 알코올의 소독 효과를 얻기 위해서는 최소 20분 이상 담가두어야 한다.

25. ③ **26.** ③ **27.** ① **28.** ② **29.** ② **30.** ① **31.** ① **32.** ②

33

MSDS 기재사항:위험첨가물에 대한 정보, 보건 위험, 물리적 위험성, 신체 적합성, 화학물질의 발암 위험성, 주의 사항과 취급방법, 보호나 예방 조치, 긴급 및 응급절차, 보관 및 처리방법

33. 재료 안전 자료표(MSDS)에 반드시 포함되지 않아도 되는 사항은 무엇인가?

① MSDS 준비 책임자의 인성을 표기해야 한다.
② 물리적 혹은 화학적 위험성을 나타내는 사용 화학 물질의 표시
③ 주의사항과 취급방법
④ 보관 및 처리방법

34. 화학물질을 사용 할 때 고객과 자기 자신을 보호 할 수 있는 방법이 아닌 것은?

① 환기가 되어야 한다.
② 화학물질을 공중으로 뿌려야 한다.
③ 마스크를 착용한다.
④ 살롱 내에서는 콘택트렌즈 사용 보다는 안경을 착용하는 것이 안전하다.

35. 다음 중 네일 도구를 소독하기 위한 알코올의 적당한 농도는?

① 50%
② 60%
③ 70%
④ 80%

36

용질＋용매＝용액[알코올(70％)＋물(30％)＝소독약(100％)]

36. 네일 숍에서 행하는 소독법으로 잘못 된 것은?

① 기구, 도구의 살균 소독은 살롱의 필수적인 행위이다.
② 니퍼, 푸셔, 클리퍼는 자외선 소독기에 넣어 최소 20분 이상 소독한다.
③ 뚜껑이 있는 긴 유리컵의 소독으로 널리 사용되고 있다.
④ 도구 소독제의 70%는 알코올 30%, 물 70%의 희석액이다.

37. 습식매니큐어의 소도구 위생처리 방법으로 옳은 것은 무엇인 가?

① 아무 때나 해도 무관하다.
② 매 시술마다 한다.
③ 한 시간에 한번 한다.
④ 하루에 한번 한다.

38. 더스티 브러시에 대한 설명이다. 옳지 않은 것은?

① 천연모 소재는 피하는 것이 좋다.
② 위에서 아랫방향으로 사용한다.
③ 손톱 위의 먼지 및 이물질 등을 털어낼 때 사용한다.
④ 시술 테이블 위의 먼지 및 이물질 등을 털어낼 때 사용한다.

39. 어떤 물건을 낮은 농도의 살균제를 사용하여 살균작용을 유도하나 포자는 사멸되지 않는 단계는?

① 소독
② 위생
③ 멸균
④ 청결

40. 소독된 도구의 보관으로 가장 적합한 것은 무엇인가?

① 종이타월
② 드라이/캐비넷 소독 기구
③ 서랍
④ 주머니

38

더스티 브러시는 손톱 위의 먼지 및 이물질 등을 털어낼 때 사용하는 것이다. 시술 테이블 위의 먼지나 이물질에는 사용하지 않는다.

39

소독은 병원미생물의 생활력을 파괴하여 감염력을 없애는 것을 말한다.

33. ① **34.** ② **35.** ③ **36.** ④ **37.** ② **38.** ④ **39.** ① **40.** ②

41

도구 소독 시에는 약 70%의 알코올에 최소 20분 정도 담가 둔다.

41. 피부, 손의 소독을 위한 알코올의 적당한 % 용액은 다음 중 무엇인가?

① 40~60%
② 60~70%
③ 60~90%
④ 80~90%

42

화학물질의 과다노출 시 발생 가능한 증상:피부발진 및 염증, 가벼운 두통, 불면증, 콧물과 눈물, 목이 마르고 몸이 피곤하며 나른함, 발가락이 따끔거림, 호흡장애가 있다.

42. 화학물질에 과다 노출되었을 때 나타나는 증상이 아닌 것은 무엇인가?

① 호흡 장애가 생긴다.
② 발가락이 따끔거린다.
③ 머리카락이 빠진다.
④ 머리가 아프다.

43. 위생법과 그에 따른 규칙들은 무엇을 목적으로 만들어졌는가?

① 건강과 안전
② 보험
③ 고객만족
④ 살롱발전

44

네일의 새로운 세포가 만들어 지는 부분이다.

44. 다음 중 네일의 성장이 시작되는 곳은 어디인가?

① 조모(매트릭스)
② 자유연(프리에지)
③ 조근(네일루트)
④ 조체(네일바디)

45. 다음 중 네일의 내부구조가 아닌 것은?

① 조근(네일루트)
② 반월(루눌라)
③ 조모(매트릭스)
④ 조상(네일 베드)

46. 네일플레이트(조판)이라 하며 신경이나 혈관이 없는 부분은?

① 조모(매트릭스)
② 조체(네일바디)
③ 조근(네일루트)
④ 반월(루눌라)

47. 자연 네일에 적용시킬 수 있는 파일의 그리트는?

① 100그리트
② 100~180그리트
③ 180~220그리트
④ 220~260그리트

48. 네일의 형성에 대한 설명이다 옳은 것은?

① 네일은 임신 8~9주경에 나타나기 시작한다.
② 임신 10주 후부터 네일이 형성된다.
③ 네일 성장부위는 약 14주까지 완성된다.
④ 태아의 발톱은 손톱보다 약 10일 정도 늦게 형성된다.

45

조근, 조체, 자유연은 네일의 외부구조이다.

46

네일플레이트(=조판, 조체)는 신경과 혈관이 없으며 산소를 필요로 하지 않는다.

48

네일은 태아가 자궁에서 형성될 때 나타나기 시작해 임신 8~9주경에 네일이 형성되고 임신 10주 후부터 손가락 끝에 붙는다. 네일 성장부위는 임신 12~13주까지 완성된다.

41. ② **42.** ③ **43.** ③ **44.** ③ **45.** ① **46.** ② **47.** ③ **48.** ④

49

손톱은 발톱의 1/2정도의 속도
로 성장한다.

51

자유연(프리에지)은 손톱의 끝
부분으로 조상없이 자라나와
잘라내는 부분이다.

52

하루에 약 0.01mm 정도 자라
며 한달에 약 3~5mm 정도 자
란다.

---

49. 네일의 성장에 대한 설명이다. 다음 중 틀린 것은?

① 한달에 3~5mm 정도 성장한다.
② 손톱이 완전히 재생되는데 4~6개월 정도 걸린다.
③ 중지손톱이 가장 빨리 자라고, 엄지손톱이 가장 늦게 자란다.
④ 손톱은 발톱의 1/4정도의 속도로 서서히 성장한다.

50. 프리에지에 대한 설명이다. 옳은 것은?

① 수분공급의 역할을 한다.
② 조상(네일베드)없이 손톱만 자라나온 곳이다.
③ 반투명한 핑크빛이다.
④ 혈관이 있다.

51. 손톱이 길었을 때 잘라주는 부분을 지칭하는 말은 무엇인가?

① 조모
② 자유연
③ 조벽
④ 조구

52. 다음 중 손톱이 완전히 자라는데 걸리는 시간은?

① 4~6개월
② 5~6년
③ 4~6년
④ 2년

53. 조근(네일루트)에 관한 설명이다. 다음 중 옳은 것은?

① 매트릭스라고 한다.
② 손톱의 끝부분이다.
③ 손톱의 세포가 만들어진다.
④ 유백색의 반달모양이다.

54. 다음 중 손상을 입으면 손톱의 성장에 저해가 되는 것은 무엇인가?

① 조모(매트릭스)
② 조근(네일루트)
③ 자유연(프리에지)
④ 조판(플레이트)

55. 다음 중 네일의 구조가 아닌 것은?

① 스트레스 포인트
② 네일 베드
③ 네일 루눌라
④ 네일 폴드

56. 다음 중 네일의 기능이 아닌 것은?

① 흡수기능이 있다.
② 물건을 잡거나 들어 올린다.
③ 공격과 방어의 기능을 한다.
④ 미적 · 장식적 기능이 있다.

57. 다음 중 건강한 손톱의 정의가 아닌 것은 무엇인가?

① 매끄럽고 광택이 나며 불투명한 흰빛을 띤다.
② 조상(네일베드)에 강하게 부착되어있다.
③ 손톱의 수분이 15~18%를 함유하고 있다.
④ 단단하고 둥근 아치를 형성한다.

54

조모는 손톱각질세포의 생성과 성장을 조절하며 손상되면 손톱이 비정상적으로 자란다.

55

네일 폴드는 네일 주변의 피부이다. 네일 멘틀이라고도 하며 네일 루트가 묻혀 있는 손톱 베이스에 피부가 깊이 접혀 있는 부분을 말한다.

56

흡수기능은 피부의 생리기능이다.

57

매끄럽고 윤기가 있어야 하며, 연한 핑크색을 띤다.

49. ④ **50.** ② **51.** ② **52.** ① **53.** ③ **54.** ① **55.** ④ **56.** ① **57.** ①

58. 다음 중 찢어지거나 부러지기 쉬운 손톱 부위의 명칭은 무엇인가?

① 조근(네일루트)
② 옐로우 라인
③ 프리에지
④ 스트레스 포인트

59. 손톱에 가느다란 세로줄무늬가 증가하는 연령층은?

① 물을 많이 사용하는 주부
② 스트레스를 많이 받는 청년
③ 노화현상으로 인한 노인
④ 손톱을 자주 물어뜯는 어린이

60
손톱의 경도는 수분, 단백질, 케라틴 조정에 따라 다르다.

60. 손톱은 피부의 일부이다. 다음 중 어떤 성분으로 이루어져 있는가?

① 단백질과 케라틴
② 단백질과 지방질
③ 케리틴과 섬유질
④ 케라틴과 지방질

61
조갑위축증은 손톱이 부서져 없어지는 현상으로 윤기가 없어지면서 오그라들며 떨어져 나간다.

61. 다음 설명 중 연결이 틀린 것은?

① 행 네일–건조한 손톱, 거스러미
② 조백반증–손톱의 흰 반점
③ 조갑위축증–손톱을 물어뜯어 없어지는 현상
④ 모반점–밤색, 검은색의 점이 있는 손톱

62. 다음 중 네일 미용인이 시술 할 수 있는 손톱은 무엇인가?

    ① 표피조막(테리지움)
    ② 조진균증(오니코마이오시스)
    ③ 조위염(파로니키아)
    ④ 조갑박리증(오니코리시스)

63. 다음 중 표피조막에 대한 설명 중 옳은 것은?

    ① 혈액순환이나 심장이 좋지 못한 상태에서 나타날 수 있다.
    ② 손톱표면의 색소침착이다.
    ③ 큐티클이 성장하여 손톱 표면을 덮는 현상이다.
    ④ 끊임없이 손톱을 후벼 파거나 뜯어낸다.

64. 다음 중 손톱에 흰 반점이 나타나며 멍이 들거나 다른 손상으로 발생되는 현상은?

    ① 행 네일(Hang Nail)
    ② 니버스(Nevus)
    ③ 루코니키아(Luckonychia)
    ④ 오니콕시스(ONychauxis)

65. 다음 중 비정상적으로 손톱이 두꺼워 지는 손톱 질환은?

    ① 커러제이션(Corrugation)
    ② 오니콕시스(Onychauxis)
    ③ 세클라오니키아
    ④ 행 네일(Hang Nail)

62

표피조막(테리지움)은 큐티클의 과잉성장으로 손톱 표면을 덮는 증상이다.

64

루코니키아는 케라틴화가 덜된 공기 주머니가 떨어지거나 질병이나 외상으로 인해 백색의 점처럼 나타나는 손톱질환이다.

65

오니콕시스란 네일의 길이, 두께 과다 성장신체 내의 질병이나 상해로 인해 유발되는 증상이다.

58. ④   59. ③   60. ①   61. ③   62. ①   63. ③   64. ③   65. ②

66. 다음 중 손톱에 갈색 가로띠 모양의 색소가 침착되어 나타나는 원인은 무엇인가?

① 지나친 채식생활에 의한 비타민 B의 결핍
② 노화 때문에 일어나는 현상
③ 신장병으로 인한 저알부민혈증
④ 폐나 심장 등 전신에 심각한 중병이 숨어 있는 경우

67

오니코파지는 심리적인 불안감에 습관적으로 손톱을 물어뜯는 것을 말한다.

67. 다음 중 네일 미용인에 의해 서비스 될 수 있는 손톱 질환은?

① 파로니키아(Paronychia)
② 오니코파지(Onychophagy)
③ 오니코그리포시스(Onychauxis)
④ 오니코옵토시스(Onychoptosis)

68

조갑박리증(오니코리시스)는 프리에지부터 루눌라까지 점점 변색되는 현상으로 내적 질환이나 감염을 의심해야 하며 전문의의 치료가 이루어진 후에 시술에 들어가야 한다.

68. 다음 중 네일 미용인이 시술할 수 없는 비정상 상태의 손톱은?

① 조연화증(에그 셀 네일)
② 고랑 파진 손톱(퍼로우)
③ 조백반증(루코니키아)
④ 조갑박리증(오니코리시스)

69

니버스(Nevus)는 멜라닌 색소의 착색이나 네일바디나 뿌리에 상해가 가해진 경우에도 생길 수 가 있으며 네일 에나멜이나 인조네일로 커버가 가능하다.

69. 다음 중 검은색의 얼룩점이 손톱에 있으며 색소의 작용에 의해 발생되는 현상은 무엇인가?

① 행 네일(Hang Nail)
② 오니콕시스(Onychauxis)
③ 니버스(Nevus)
④ 루코니키아(Lcukonychia)

70. 다음 중 조모에 손상을 입거나 내과적 질환을 발생하기도 하는 이상 손톱은 무엇인가?

① 조백반증(루코니키아)
② 모반점(니버스)
③ 조갑위축증(오니코아트로피)
④ 조갑비대증(오니콕시스)

71. 다음 중 네일숍에서 시술이 가능한 이상 손톱은 무엇인가?

① 조갑구만증(오니코그리포시스)
② 조갑염(오니키아)
③ 교조증(오니코파지)
④ 조갑박리증(오니코리시스)

72. 다음 중 습관이나 스트레스로 손톱을 심하게 물어뜯는 현상은?

① 교조증(오니코파지)
② 조갑위축증(오니코아트로피아)
③ 조갑탈락증(오니콥토시스)
④ 조갑종렬증(오니코렉시스)

73. 다음 중 인그로운 네일이라고 하며 손톱이나 발톱이 양쪽의 살을 파고 들어가는 현상은?

① 오니코크립토시스(Onychocryptosis)
② 오니콕시스(Onychauxis)
③ 오니코파지(Onychophagy)
④ 오니코아트로피(Onychoatrophy)

70

조갑위축증은 손톱이 부서져 없어지는 현상으로 윤기가 없어지면서 오그라들며 떨어져 나간다.

71

교조증:습관이나 스트레스로 인해 손톱을 심하게 물어뜯는 현상

72

교조증은 스트레스와 불안으로 물어뜯는 현상으로 시술 가능한 손톱이다.

73

내향성 또는 파고드는 발톱이라고 하며 비슷한 말로는 조갑감입증, 인그로운 네일이 있다.

---

66. ① **67.** ② **68.** ④ **69.** ③ **70.** ③ **71.** ③ **72.** ① **73.** ①

74. 다음 중 손톱이 쪼개지거나 갈라지게 되는 손톱은 무엇인가?

① 오니코크립토시스(Onychocryptosis)
② 테리지움(Pterygium)
③ 오니코파지(Onychophagy)
④ 오니코렉시스(Onychorrhhexis)

75
라이트 글루는 인조 손톱 시술에 사용되는 네일 전용 접착제이다.

75. 다음 중 일반 매니큐어 시술 시 필요하지 않은 것은 무엇인가?

① 라이트 글루
② 니퍼
③ 샌딩 블록
④ 핑거볼

76
파라핀기는 고체상태의 파라핀을 액체상태로 녹여주는 기기이다.

76. 다음 네일 기기 중 연결이 바르지 않은 것은?

① 파라핀기-액체상태의 파라핀을 고체상태로 만들어주는 기기
② 네일 드라이어-네일 컬러링 시술 후 네일 폴리시를 빠르게 건조시켜 주는 기기
③ 네일 드릴-손톱과 발톱의 관리 시 자연 네일의 표면이나 인조 손톱의 표면, 발 각질 제거를 빠르게 정리할 때 사용되는 전동 기기이다.
④ 젤 램프-네일 젤 시술 시 젤을 빛으로 응고시키는 큐어링 기기

77. 다음 중 네일 댕글아트 시술 시 반드시 필요한 네일 도구는 무엇인가?

① 실크 가위
② 에어브러시 건
③ 핸드 드릴
④ 푸셔

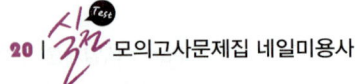

78. 다음 오렌지 우드스틱의 설명에 들어갈 말은?

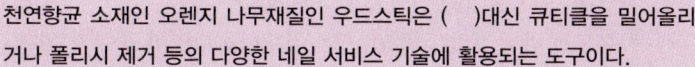

천연향균 소재인 오렌지 나무재질인 우드스틱은 (   )대신 큐티클을 밀어올리거나 폴리시 제거 등의 다양한 네일 서비스 기술에 활용되는 도구이다.

① 클리퍼
② 푸셔
③ 콘 커터
④ 파일

79. 다음 소독용 알코올의 설명에 들어갈 말은?

네일 서비스 시술 전·후 (   ) 농도의 알코올을 사용하여 네일 기구 및 도구 등을 소독한다.

① 50%
② 60%
③ 70%
④ 80%

80. 습식 매니큐어 시술 시 큐티클 정리 전에 도포하는 재료로 큐티클을 유연하게 연화시켜 시술을 용이하게 돕는 역할을 하는 이것은 무엇인가?

① 네일 보강제
② 네일 미백제
③ 핸드로션
④ 큐티클 오일

80
────────
큐티클 오일은 손톱주변의 피부가 건조하여 살이트는 것을 방지하기 위하여 유수분을 공급하는 제품이다.

74. ④ **75.** ① **76.** ① **77.** ③ **78.** ② **79.** ③ **80.** ④

81

네일 팁의 재질로는 플라스틱, 나일론, 아세테이트가 있다.

82

식사 중에도 예약 전화는 받아야 한다.

84

고객의 혈액형은 적지 않아도 된다.

81. 다음은 네일 재료인 팁에 대한 설명이다. 옳지 않은 것은?

① 자연 손톱의 길이를 연장할 때 사용한다.
② 종류로는 레귤러 팁, 풀 팁, 프렌치 팁 등 다양한 종류가 있다.
③ 유연성과 탄력성을 가지고 있다.
④ 나일론 소재가 유일하다.

82. 다음 중 고객으로부터 예약을 접수받을 때 지켜야 할 사항이 아닌 것은?

① 전화를 받을 때 자신의 이름과 살롱의 이름을 먼저 말한다.
② 예약 접수 기록부, 필기도구, 메모지를 준비한다.
③ 식사 중에는 전화를 내려놓는다.
④ 일찍 예약을 받았으면 전날 손님에게 전화하여 재확인 한다.

83. 다음 중 고객상담카드 작성 시 기재하지 않아도 되는 것은 무엇인가?

① 시술 디자이너
② 네일의 건강상태
③ 고객의 기호
④ 고객의 혈액형

84. 다음 고객상담에 대한 설명 중 옳지 않은 것은?

① 고객의 알레르기 여부, 생활습관에 관해 상담한다.
② 고객의 성명, 성, 생년월일, 혈액형, 주소, 전화번호 등을 기재한다.
③ 신체 질병 유무에 관해 상담한다.
④ 고객이 원하는 서비스에 대해 정확히 상담한다.

85. 다음 중 네일이 매우 두꺼우며, 손가락이나 발가락 쪽으로 심하게 휘는 현상을 무엇이라 하는가?

① 오니코그라이포시스
② 오니코파지
③ 퍼로우
④ 오니콕시스

86. 다음 중 네일 폴리시의 다른 이름이 아닌 것은 무엇인가?

① 네일 에나멜
② 네일 컬러
③ 네일 락카
④ 네일 보강제

86

네일 보강제:자연 손톱에 바르는 네일 영양제이다. 네일 컬러링 전에 베이스코트 대용으로 바르기도 한다.

87. 자연 손톱과 인조 손톱의 파일링 후 손톱 뒷면의 거스러미를 제거하는데 사용하는 도구는 무엇인가?

① 디스크 패드
② 패디 파일
③ 샌딩 블록
④ 쓰리웨이 버퍼

87

라운드 패드(=Disk pad)의 설명이다.

88. 디펜디쉬에 대한 설명이다. 틀린 것은?

① 아크릴 리퀴드 용액을 담아서 사용하는 용기이다.
② 리무버를 담아서 사용하는 용기이다.
③ 뚜껑이 있는 것을 사용하는 것이 좋다.
④ 시술 후에는 뚜껑을 닫아서 보관한다.

88

디스펜서에 대한 설명이다.

81. ④ 82. ③ 83. ④ 84. ② 85. ① 86. ④ 87. ① 88. ②

89

① 세포는 크게 핵, 세포질, 세포막의 세 구조로 이뤄져있다.
③ 세포는 인체의 구성 및 기능상의 최소단위이다.
④ 세포막은 세포와 외부를 경계 짓는 막으로, 세포의 형태를 유지하고 선택적 투과성이 있어 세포 안팎으로의 물질 출입을 조절한다.

91

세포는 모든 생명체의 구조적, 기능적, 유전적 최소단위이다.

92

수동이동(에너지의 공급 없이 일어나는 물리적인 이동, 확산, 여과, 삼투압)과 달리 물질의 이동에 에너지가 필요한 것을 말한다.
예) Na+−K+펌프(농도경사에 역행하여 이동함),식세포작용, 음세포작용, 토세포작용

89. 다음 설명 중 옳은 것은?

① 세포는 크게 핵, 세포질, 기관체의 세 구조로 이뤄져있다.
② 세포막은 원형질막 또는 선택적 투과막으로 불린다.
③ 세포는 인체의 구성 및 기능상의 최대단위이다.
④ 세포막은 세포의 내부와 외부를 나눠줄 뿐 아니라 모든 물질의 유입을 막는다.

90. 다음 중 해부학적 자세에서 인체를 수직으로 좌우 부분을 나눈 평면은 무엇인가?

① 전두면
② 횡단면
③ 시상면
④ 수평면

91. 인체의 구성 요소 중 기능적, 구조적 최소단위는?

① 조직
② 세포
③ 기관
④ 개체

92. 세포막을 통한 물질의 이동 중 능동적 이동은?

① 삼투압
② 확산
③ 여과
④ 음세포작용

93. 세포 내에 DNA의 유전정보에 따라 단백질을 합성하는 곳은?

① 리보솜
② 골지체
③ 리소좀
④ 형질내세망

94. 다음 근육 중 전신의 근육운동에 관여하는 것은?

① 내장근
② 전신근
③ 골격근
④ 심장근

95. 다음 골격의 명칭 중 성장과 관련된 곳은?

① 골수
② 골단연골
③ 골수강
④ 골간

96. 다음 중 조혈기능이 있는 것은?

① 황골수
② 적골수
③ 골막
④ 골단

93

리보솜:RNA유전정보에 따라 단백질합성(효소생성)이 일어나는 장소이다.

95

골단판이라고도 하며 이곳이 연골조직일 경우 성장호르몬의 영향을 받아 성장할 수 있으나 골화(석회화)되면 더 이상 세포재생이 이루어지지 않아 성장이 멈추게 된다.

96

황골수: 지방으로 채워져 황색을 띄며 조혈기능이 없는 골수
적골수: 조혈기능이 있어 적혈구, 백혈구 등을 생성하는 골수
골막: 뼈의 가장바깥을 덮는 질긴섬유결합조직막, 뼈보호 및 근육부착장소역할
골단: 장골의 양쪽 비대된 끝부위로 해면골에 중첩하고 치밀골이 얇음

89. ② **90.** ③ **91.** ② **92.** ④ **93.** ① **94.** ③ **95.** ② **96.** ②

97

저작근:상악, 하악의 악관절에 작용하여 음식물을 씹는데 관여하는 근육(예)교근, 측두근, 내측익돌근, 외측익돌근

99

축삭돌기 다른 뉴런이나 반응기에 자극을 전달한다.
신경세포체: 핵과 세포물질이 있다.
수상돌기:다른 뉴런으로부터 자극을 받아들인다.

100

뇌 중에서 기초생명 활동조절 부위는 연수이다.

97. 다음 중 저작근에 속하는 근육은?

① 추미근
② 측두근
③ 협근
④ 광경근

98. 성인의 인체 골격은 총 몇 개로 이루어져 있는가?

① 204개
② 205개
③ 206개
④ 207개

99. 다음 중 신경계에 대한 설명이 옳게 연결된 것은?

① 신경초:신경의 재생에 관여한다.
② 축삭돌기:다른 뉴런으로부터 자극을 받아들인다.
③ 신경세포체:핵이 존재하지 않는다.
④ 수상돌기:다른 뉴런이나 반응기에 자극을 전달한다.

100. 다음 뇌 중에서 호흡운동, 소화운동, 심장박동을 조절하는 곳은 어디인가?

① 대뇌
② 소뇌
③ 간뇌
④ 연수

101. 척수신경은 모두 몇 개인가?

① 12쌍
② 23쌍
③ 31쌍
④ 46쌍

102. 다음 중 늑골과 연결되어 흉곽을 형성하는 척추골은 무엇인가?

① 요추골
② 흉추골
③ 경추골
④ 천추골

103. 다음 신체변화 중 부교감신경의 작용은?

① 동공확대
② 심장박동 증가
③ 위액분비 촉진
④ 배뇨 억제

104. 우리 몸의 대사과정에서 배출되는 노폐물, 독소 등이 배설되지 못하고 피부조직에 남아 비만으로 보이며 림프순환이 원인인 피부현상은?

① 쿠퍼로제
② 켈로이드
③ 알레르기
④ 셀룰라이트

105. 다음 뼈의 구조 중 혈액세포를 생산하는 곳은 어디인가?

① 치밀골
② 적골수
③ 두개골
④ 연부기관

103

부교감신경은 동공축소, 심장박동저하, 위액과 타액분비를 촉진시킨다.

104

셀룰라이트:인체 내 노폐물과 폐기물이 정맥과 림프순환에 문제가 발생하여 밖으로 배설되지 못하고 정체되어 피하지방층에 쌓인 결과물

97. ② **98.** ③ **99.** ① **100.** ④ **101.** ③ **102.** ② **103.** ③ **104.** ④ **105.** ②

106

세포 내 기관 중 하나이며 일반적으로 오래되어 못쓰게 된 세포소기관을 파괴하거나, 바이러스나 박테리아 같은 외부물질 등을 파괴하는 역할을 한다.

107

말초신경은 뇌신경의 12쌍과 척수신경의 31쌍 으로 구성되어 있다.

109

침샘에서 분비되고 사람과 초식동물에서 발견된다. 아밀라아제 종류로는 프티알린뿐만 아니라, 췌액에 있는 아밀로프신이 있다.

106. 세포 내 소화기관으로 노폐물과 이물질을 처리하는 역할을 하는 기관은?

① 미토콘드리아
② 리보솜
③ 리소좀
④ 골지체

107. 뇌신경과 척수신경은 각각 몇 쌍인가?

① 뇌신경-12, 척수신경-31
② 뇌신경-11, 척수신경-31
③ 뇌신경-12, 척수신경-30
④ 뇌신경-11, 척수신경-30

108. 다음 중 생명체의 특징이 아닌 것은?

① 개체화
② 물질대사
③ 성장과 생식
④ 조절 및 항상성 유지

109. 다음 중 다당류인 전분을 이당류인 맥아당이나 덱스트린으로 가수분해하는 역할을 하는 태액내의 효소는?

① 프티알린
② 리파제
③ 인슐린
④ 말타아제

110. 다음 중 세포돌기로서 신경자극을 세포체로부터 계속 전달하는 것은 무엇인가?

① 축삭돌기
② 니슬소체
③ 슈반세포
④ 수지상돌기

111. 세포내 소기관 중에서 세포내의 호흡생리를 담당하고, 이화작용과 동화작용에 의해 에너지를 생산하는 기관은?

① 미토콘드리아
② 리보솜
③ 리소좀
④ 중심소체

112. 신경계에 관한 내용 중 틀린 것은?

① 뇌와 척수는 중추신경계이다.
② 대뇌의 주요 부위는 뇌간, 간뇌, 중뇌, 교뇌 및 연수이다.
③ 척수로부터 나오는 31쌍의 척수신경은 말초신경을 이룬다.
④ 척수의 전각에는 감각신경세포가 그리고 후각에는 운동신경세포가 분포한다.

113. 인체에서 방어 작용에 관여하는 세포는?

① 적혈구
② 백혈구
③ 혈소판
④ 항원

110

축삭돌기는 신경세포인 뉴런을 구성하는 한 부분으로서 뉴런의 세포체에서 뻗어나온 긴돌기로 신경세포의 흥분을 전달한다.

111

미토콘드리아:영양물질을 산화시켜 인체에 필요한 에너지 형태인 ATP를 생성한다.

112

감각신경은 척수의 등쪽에 있는 통로(후근)를 통해 연결되며, 운동신경은 배 쪽의 통로(전근)를 통해 척수와 연결되어 있다.

113

백혈구는 신체내에 외부로부터 침입한 세균 등을 섭식하는 중요한 방어체계이다.

---

106. ③ **107.** ① **108.** ① **109.** ① **110.** ① **111.** ① **112.** ④ **113.** ②

114. 다음 중 뉴런에 대한 올바른 정의는 무엇인가?

① 신경교
② 신경총
③ 신경의 세포단위
④ 신경세포와 신경섬유의 접합부위

115

총 31쌍으로 경신경 9쌍, 흉신경 12쌍, 요신경 5쌍, 천골신경 5쌍, 미골신경 1쌍이 있다.

115. 성인의 척수신경은 모두 몇 쌍인가?

① 12쌍
② 13쌍
③ 30쌍
④ 31쌍

116

골격의 형태는 장골, 단골, 편평골, 불규칙골, 함기골, 종자골이 있다. 장골은 길이가 긴뼈로 상지골과 하지골 위주로 구성하고 있다.

116. 골격계의 형태에 따른 분류로 옳은 것은?

① 장골(긴뼈):상완골(위팔뼈), 요골(노뼈), 척골(자뼈), 대퇴골(넙다리뼈), 경골(정강뼈), 비골(종아리뼈) 등
② 단골(짧은뼈):슬개골(무릎뼈), 대퇴골(넙다리뼈), 두정골(마루뼈) 등
③ 편평골(납작뼈):척주골(척주뼈), 관골(광대뼈) 등
④ 종자골(종강뼈):전두골(이마뼈), 후두골(뒤통수뼈), 두정골(마루뼈), 견갑골(어깨뼈),늑골(갈비뼈) 등

117

골격의 기능 중에는 조혈기능이 있다. 적골수에서 혈액세포를 생산한다.

117. 골격계에 대한 설명 중 옳지 않은 것은?

① 인체의 골격은 약 206개의 뼈로 구성된다.
② 체중의 약 20%를 차지하며 골, 연골, 관절 및 인대를 총칭한다.
③ 기관을 둘러싸서 내부 장기를 외부의 충격으로부터 보호한다.
④ 골격에서는 혈액세포를 생성하지 않는다.

118. 다음 중 체성신경계는 어떤 구성으로 되어 있는가?

① 뇌신경과 척수신경
② 교감신경과 척수
③ 뇌신경과 교감신경
④ 교감신경과 부교감신경

119. 남성의 2차 성장에 영향을 주는 성스테로이드 호르몬으로 두정부 모발의 발육을 억제시키고 피지분비를 촉진시키는 것은?

① 알도스테론(Aldosterone)
② 에스트로겐(Estrogen)
③ 테스토스테론(Testosterone)
④ 프로게스테론(Progesterone)

120. 다리의 혈액순환 이상으로 피부 밑에 형성되는 검푸른 상태를 무엇이라 하는가?

① 혈관축소
② 심박동 증가
③ 하지정맥류
④ 모 세혈관확장증

121. 중추신경계는 어떻게 구성되어 있나?

① 중뇌와 대뇌
② 뇌와 척수
③ 교감신경과 뇌간
④ 뇌간과 척수

118

체성신경계는 말초 신경계와 함께 자율 신경계를 구성하고 감각 정보를 받아들여 골격근의 운동을 통제한다.

119

테스토스테론은 정소의 간질세포로 하수체의 성선자극호르몬의 영향하에 만들어지는 스테로이드 화합물이다.

120

하지정맥류:다리의 혈액순환에 이상이 생겨 정맥혈관이 늘어져 다리에 푸르거나 검붉은 색 혈관이 부풀어 다리 피부를 통해 튀어나오는 일종의 혈관기형

121

신경계:중추신경계(뇌, 척수), 말초신경계(체성신경계, 자율신경계)

114. ③ 115. ④ 116. ① 117. ④ 118. ① 119. ③ 120. ③ 121. ②

122

골격의 기능에는 지지기능, 보호기능, 운동기능, 저장기능, 조혈기능이 있다.

123

승모근은 목후방과 어깨, 등 상부에 존재하는 넓은 근육이다.

124

세포막을 통과하는 물질이동:
수동이동(확산, 삼투, 여과), 능동이동(NA+-K+, 식세포, 음세포, 토세포)

125

전거근은 겨드랑이 아래 부위에 있는 흉벽 측면에 부착한 근육이다.

122. 다음 중 뼈의 기능으로 맞는 것을 모두 나열한 것은?

| A. 지지 | B. 보호 | C. 조혈 | D. 운동 |

① A, C
② B, D
③ A, B, C
④ A, B, C, D

123. 다음 중 위팔을 올리거나 내릴 때 또는 바깥쪽으로 돌릴 때 사용되는 근육의 명칭은?

① 승모근
② 흉쇄유돌근
③ 대둔근
④ 비복근

124. 세포막을 통한 물질이동방법 중 수동적 방법에 해당하는 것은?

① 음세포작용
② 능동수송
③ 확산
④ 식세포작용

125. 다음 중 웃을 때 사용하는 근육이 아닌 것은?

① 안륜근
② 구륜근
③ 대협골근
④ 전거근

126. 다음 중 신경계에 대한 설명으로 맞지 않는 것은?

① 신체 항상성 조절체계
② 신체 보호체계
③ 신체의 의사소통체계
④ 신체의 주요 조절체계

127. 세포 내에서 호흡생리를 담당하고 이화작용과 동화작용에 의해 에너지를 생산하는 곳은?

① 리소좀
② 염색체
③ 소포체
④ 미토콘드리아

128. 다음 중 교감신경을 자극할 때 나타나는 말초혈관의 결과는?

① 수축
② 확대
③ 반사
④ 평형

129. 평활근에 대한 설명 중 틀린 것은?

① 근원섬유에는 가로무늬가 없다.
② 운동신경의 분포가 없는 대신 자율신경이 분포되어 있다.
③ 수축은 서서히 그리고 느리게 지속된다.
④ 신경을 절단하면 자동적으로 움직일 수 없다.

127

미토콘드리아는 에너지를 만드는 중요한 세포내 소기관으로 호흡생리를 담당하고 이화작용과 동화작용에 에너지를 생산한다.

129

평활근은 현미경 관찰로 가로무늬가 나타나지 않는 근섬유로 이루어진 근육으로 원시적인 형태의 근육으로 운동신경의 분포가 없는대신 자율신경이 분포되어 있다.

---

122. ④ **123.** ① **124.** ③ **125.** ④ **126.** ② **127.** ④ **128.** ① **129.** ④

130

제 7뇌신경은 안면신경이다.
맛, 지각, 표정 등의 기능을 한다.

130. 다음 보기의 사항에 해당되는 신경은?

1. 제7뇌신경이다.	2. 안면 근육 운동
3. 혀 앞 2/3 미각담당	4. 뇌신경 중 하나

① 3차 신경
② 설인신경
③ 안면신경
④ 부신경

131

신근:중력에 저항하여 자세를
유지하는데 사용하는 근육이다.
반건양근─대퇴후부에 있는 슬
건근군의 하나로 반힘줄모양근
이다.
협력근:운동 시 주동근을 돕는
근육을 지칭할 때 쓰는 말이다.

131. 근육의 기능에 따른 분류에서 서로 반대되는 작용을 하는
근육을 무엇이라 하는가?

① 길항근
② 신근
③ 반건양근
④ 협력근

132

확산은 물질 자체의 운동 에너
지에 의해 '고농도에서 저농도
로'물질이 이동하는 것이다.

132. 원형질막을 통한 물질의 이동과정에 관한 설명 중 틀린 것
은?

① 확산은 물질 자체의 운동 에너지에 의해 저농도에서 고농도로
물질이 이동하는 것이다.
② 포도당은 보조 없이 원형질막을 통과할 수 없으며 단백질과 결
합하여 세포 안으로 들어가는 것을 촉진 확산한다.
③ 삼투 현상은 높은 물 농도에서 낮은 물 농도로 물 분자만
이 선택적으로 투과하는 것을 말한다.
④ 여과는 높은 압력에 낮은 압력에 있는 곳으로 이동하는
압력 경사에 의해 이루어지는 것이다.

133. 뇌간의 구성이 아닌 것은?

① 척추
② 교뇌
③ 중뇌
④ 연수

133

뇌간은 크게 세부분으로 구성 되어 있는데 머리 방향에서부터 중뇌,교뇌,연수로 나뉘어 진다.

134. 안면의 피부와 저작근에 존재하는 감각신경과 운동신경의 혼합신경으로 뇌신경 중 가장 큰 것은?

① 시신경
② 삼차신경
③ 안면신경
④ 미주신경

134

삼차신경:각막, 누선, 상순, 윗 니, 아랫니 지각 등의 감각신경 기능, 저작운동의 운동신경 기 능이 있다.

135. 각 기관에 대한 설명이 틀린 것은?

① 호흡계: 신장과 폐는 인체의 pH를 조정한다.
② 신경계: 세포 외액량과 구성은 신장에 의해 조절된다.
③ 골격계: 신장과 골 조직은 혈액의 칼슘평형을 함께 조정한다.
④ 근육계: 방광으로부터의 뇨의 배설은 근육조직에 의해 조절된다.

136. 성장기에 있어 뼈의 길이 성장이 일어나는 곳을 무엇이라 하는가?

① 상지골
② 두개골
③ 연골상골
④ 골단연골

136

골단연골(골단판, 성장판)이 연 골조직일 경우 성장호르몬의 영향을 받아 뼈의 길이 성장이 일어난다.

130. ③ 131. ① 132. ① 133. ① 134. ② 135. ② 136. ④

137

근육계는 골격근의 골격운동을 하게 하며, 소화관의 출입구를 통제하는 기능을 수행하기도 한다.

138

척수의 기능으로는 크게 몸이나 팔다리에서 일어나는 굴곡 반사운동을 조절하거나 신경 자극을 전달하는 통로 역할을 한다.

139

시냅스는 뉴런의 접합부를 가리키는 말로 수천억개의 뉴런이 존재하며 복잡한 신경망으로 구성되어 있다.

140

뉴런:신경전달의 구조적·기능적 최소단위는 신경원(뉴런)이다.

137. 다음 중 근육계의 주요 기능은?

① 보호기능
② 흡수작용
③ 운동기능
④ 자극전달

138. 다음 중 척수의 기능은?

① 연수작용
② 호흡작용
③ 굴곡반사
④ 분비조절

139. 뉴런과 뉴런의 접속부위를 무엇이라고 하는가?

① 신경원
② 랑비에 결절
③ 시냅스
④ 축삭종말

140. 신경계의 기본 세포는?

① 혈액
② 뉴런
③ 미토콘드리아
④ DNA

141. 체내에서 근육 및 신경의 자극 전도, 삼투압 조절 등의 작용을 하며, 식욕에 관계가 깊기 때문에 부족하면 피로감, 노동력의 저하 등을 일으키는 것은?

① 구리(Cu)

② 식염(NaCl)

③ 요오드(I)

④ 인(P)

142. 식후 12~16시간 경과되어 정신적, 육체적으로 아무것도 하지 않고 가장 안락한 자세로 조용히 누워있을 때 생명을 유지하는 데 소요되는 최소한의 열량을 무엇이라 하는가?

① 순환대사량

② 기초대사량

③ 활동대사량

④ 상대대사량

143. 다음 설명 중 대뇌의 기능이 아닌 것은 무엇인가?

① 정신기능과 관계

② 시각, 청각, 후각 등의 중추기능

③ 행동과 감정을 조절

④ 운동신경의 조정 장소

144. 세포막을 통한 물질의 이동 방법이 아닌 것은?

① 여과

② 확산

③ 삼투

④ 수축

141

식염(NaCl)는 소금이다. 삼투압조절기능, 산과 염기의 평형유지, 신경자극전달 기능에 관여한다.

142

기초대사량은 기본적인 생명활동을 유지하는데 필요한 최소한의 에너지를 말한다. 수면중, 환경, 운동, 체온 등은 기초대사량의 변화에 영향을 준다.

144

세포막을 통한 물질의 이동 방법:능동이동, 수동이동(여과, 확산, 삼투)

137. ③ **138.** ③ **139.** ③ **140.** ② **141.** ② **142.** ② **143.** ④ **144.** ④

145

골격의 형태는 뼈대근인 골격근, 평활근인 내장근, 심장근 3가지로 분류할 수 있다. 후두근은 두개골뼈에 해당한다.

145. 인체의 3가지 형태의 근육 종류명이 아닌 것은?

① 골격근
② 내장근
③ 심근
④ 후두근

146. 골격계의 기능이 아닌 것은?

① 보호 기능
② 저장 기능
③ 지지 기능
④ 열 생산 기능

147. 다음 근조직의 연결이 틀린 것은 무엇인가?

① 골격근-혀
② 평활근-혈관
③ 내장근-근세포
④ 골격근-횡경막

148

입모근:모근에 붙어있는 근육, 소름을 돋게 하는 근육을 말한다. 피지선을 압박해 분비를 촉진시키기도 하고 주로 체온을 조절하는 기능을 가진다.

148. 다음 중 입모근과 가장 관련 있는 것은?

① 수분 조절
② 체온 조절
③ 피지 조절
④ 호르몬 조절

149

티로신:신진대사를 항진시킨다.
멜라토닌:수면주기와 성적 성숙을 조절하는 호르몬, 뇌하수체에서 분비된다.
글루카곤:혈당을 높인다.
칼시토닌:혈장 내 칼슘 농도를 조절한다.

149. 다음 중 수면을 조절하는 호르몬은?

① 티로신
② 멜라토닌
③ 글루카곤
④ 칼시토닌

150. 다음 중 척수신경이 아닌 것은?

① 경신경
② 흉신경
③ 천골신경
④ 미주신경

151. 림프 순환에서 다른 사지와는 다른 경로인 부분은?

① 우측 상지
② 좌측 상지
③ 우측 하지
④ 좌측 하지

152. 인체의 3가지 형태의 근육 종류명이 아닌 것은?

① 골격근
② 내장근
③ 심근
④ 후두근

153. 다음 중 중추신경계가 아닌 것은?

① 대뇌
② 소뇌
③ 뇌신경
④ 척수

150

척수신경:경신경(8쌍), 흉신경(12쌍), 요신경(5쌍), 천골신경(5쌍), 미골신경(1쌍)

151

좌측 상지, 우측 하지, 좌측 하지는 좌측쇄골하정맥으로 유입되며, 우측 상지는 우측쇄골하정맥으로 유입된다.

152

골격의 형태는 뼈대근인 골격근, 평활근인 내장근, 심장근 3가지로 분류할 수 있다. 후두근은 두개골뼈에 해당한다.

153

중추신경계:뇌(대뇌, 중뇌, 소뇌, 간뇌, 연수), 척수
말초신경:체성신경(뇌신경, 척수신경), 자율신경(교감신경, 부교감신경)

154

골격근의 근수축 반응:연축, 강축, 긴장, 강직 등
가소성:평활근의 길이가 늘어난 후에도 같은 장력을 유지하는 성질

155

단백질 합성이 이루어지는 장소는 세포체 내의 리보솜이다.

157

리소좀은 분해 효소를 많이 지니고 있어 세균 등의 이물질을 소화하는 역할을 한다.

154. 평활근은 잡아당기면 쉽게 늘어나서 장력(Tension)의 큰 변화 없이 본래 길이의 몇 배까지도 되는데, 이와 같은 성질을 무엇이라고 하는가?

① 연축(Twitch)
② 강직(Contracture)
③ 긴장(Tonus)
④ 가소성(Plasticity)

155. 다음 중 세포막의 기능 설명이 틀린 것은?

① 세포의 경계를 형성한다.
② 물질을 확산에 의해 통과시킬 수 있다.
③ 단백질을 합성하는 장소이다.
④ 조직을 이식할 때 자기 조직이 아닌 것을 인식할 수 있다.

156. 다음 중 근육을 일반적인 기준으로 구분할 때 다른 한 가지는 무엇인가?

① 횡문근
② 수의근
③ 평활근
④ 심장근

157. 가수분해 효소군으로 세포 내 소화작용을 하고 자살세포라 불리는 세포소기관은?

① 미토콘드리아
② 핵소체
③ 리소좀
④ 골지체

158. 다음 기능 중 뼈의 기능이 아닌 것은 무엇인가?

① 체열 생성기능
② 운동 추진기능
③ 무기질 저장기능
④ 혈액세포 생성 및 저장기능

158

뼈는 혈액을 생성하기도 하지만 체열을 생산하지는 않는다.

159. 다음 중 하지골에 속하지 않는 것은 ?

① 족근골
② 경골
③ 상완골
④ 슬개골

159

하지골(다리뼈) : 대퇴골(인체에서가장긴뼈),슬개골, 경골, 비골, 족근골(7개), 중족골(5개), 족지골(14개)
상지골(팔뼈) : 상완골, 요골, 척골, 수근골(8개), 중수골(5개), 수지골(14개)

160. 다음 중 DNA의 유전정보에 따라 단백질을 합성하는 세포구조의 종류는 무엇인가?

① 리보솜
② 리소좀
③ 골지체
④ 내형질세망

161. 다음 중 중추신경계가 아닌 것은?

① 대뇌
② 연수
③ 척수
④ 미주신경

161

중추신경계는 뇌(대뇌, 소뇌, 간뇌, 중뇌, 연수)와 척수이다.

154. ④ **155.** ③ **156.** ② **157.** ③ **158.** ① **159.** ③ **160.** ① **161.** ④

162

삼차신경은 주로 얼굴의 감각에 관여하는 신경으로 제5뇌신경이다.

163

입모근은 교감신경의 지배를 받아 피부에 소름을 돋게 하는 근육으로 서 교감신경의 영향에 있다.

165

심장근은 가로무늬(횡문근)이며 의지에 의해 통제될 수 없는 불수의근이다.

162. 삼차신경은 제 몇 신경인가?

① 제3뇌신경
② 제5뇌신경
③ 제7뇌신경
④ 제10뇌신경

163. 피부가 추위를 느끼면 근육을 수축시켜 털을 세우는 근육은 무엇인가?

① 소근
② 후두근
③ 구륜근
④ 입모근

164. 다음 중 코, 기도, 기관 및 폐로 구성되며 외부와 혈액 간의 가스교환을 담당하는 기관은 무엇인가?

① 순환계
② 골격계
③ 호흡계
④ 내분비계

165. 심장근을 무늬모양과 의지에 따라 분류하면 옳은 것은?

① 횡문근, 수의근
② 횡문근, 불수의근
③ 평활근, 수의근
④ 평활근, 불수의근

166. 근육은 어떤 작용으로 움직일 수 있는가?

① 수축에 의해서만 움직인다.
② 이완에 의해서만 움직인다.
③ 수축과 이완에 의해서 움직인다.
④ 성장에 의해서만 움직인다.

167. 다리의 혈액순환 이상으로 피부 밑에 형성되는 검푸른 상태를 무엇이라 하는가?

① 혈관축소
② 심박동 증가
③ 하지정맥류
④ 모세혈관확장증

168. 남성의 2차 성장에 영향을 주는 성스테로이드 호르몬으로 두정부 모발의 발육을 억제시키고 피지분비를 촉진시키는 것은?

① 알도스테론(Aldosterone)
② 에스트로겐(Estrogen)
③ 테스토스테론(Testosterone)
④ 프로게스테론(Progesterone)

169. 다음 중 인체에 대한 바른 설명은 무엇인가?

① 피부는 외부환경에 따라 체온이 달라진다.
② 비슷한 세포가 모여 조직(tissue)을 이룬다.
③ 대뇌의 중량은 여성이 1.45g 정도로 남성보다 무겁다.
④ 심장의 중량은 100~150g이다.

166

근육의 작용:근원섬유인 액틴과 마이오신의 결합에 의한 수축과 이완의 반복현상

167

하지정맥류-다리의 혈액순환에 이상이 생겨 정맥혈관이 늘어져 다리에 푸르거나 검붉은 색 혈관이 부풀어 다리 피부를 통해 튀어나오는 일종의 혈관기형

168

테스토스테론은 정소의 간질세포로 하수체의 성선자극호르몬의 영향하에 만들어지는 스테로이드 화합물이다.

162. ② 163. ④ 164. ③ 165. ② 166. ③ 167. ③ 168. ③ 169. ②

170

핵은 단백질합성, 세포분열, 유전정보의 저장 및 전달을 담당하고 있다.

170. 다음 설명 중 핵(Nucleolus)에 대한 것이 아닌 것은 무엇인가?

① 단백질 합성
② 세포의 동력공장
③ 세포분열의 담당
④ 유전정보의 저장 및 전달

171. 골격근에 대한 설명으로 맞는 것은?

① 뼈에 부착되어 있으며 근육이 횡문과 단백질로 구성되어 있고, 수의적 활동이 가능하다.
② 골격근은 일반적으로 내장벽을 형성하여 위와 방광 등의 장기를 둘러싸고 있다.
③ 골격근은 줄무늬가 보이지 않아서 민무늬근 이라고 한다.
④ 골격근은 움직임, 자세유지, 관절안정을 주며 불수의근이다.

172

연수는 심장 활동을 조절하고 있다.

172. 심장 활동을 조절하는 뇌의 중추는 무엇인가?

① 소뇌
② 중외
③ 척수
④ 연수

173. 성세포 성숙에서 일어나며 종족 특유의 체세포 염색체 수의 반을 받는 특수한 방법의 세포분열은?

① 유사분열
② 물질대사
③ 감수분열
④ 유전

174. 상지골에 속하지 않는 것은 다음 중 무엇인가?

① 경골
② 쇄골
③ 수근골
④ 상완골

175. 가장 작은 단위부터 큰 단위 순으로 잘 배열된 것은 무엇인가?

① 조직-기관-계-체-세포
② 세포-조직-기관-계-체
③ 세포-조직-계-기관-체
④ 세포-기관-계-조직-체

176. 섭취된 음료물 중의 영양물질을 산화시켜 인체에 필요한 에너지를 생성해 내는 세포 소기관은?

① 리보소옴
② 기소조옴
③ 골지체
④ 미토콘트리아

177. 다음 중 뼈의 기본구조가 아닌 것은?

① 골막
② 골외막
③ 골내막
④ 심막

174

경골은 하지골에 속한다.

176

미토콘트리아:생물이 직접 이용할 수 있는 에너지 형태인 ATP를 만들어내는 세포에너지 형성기관이다.

177

심막은 뼈의 구조가 아닌 심장에 있는 막이다.

170. ② **171.** ① **172.** ④ **173.** ③ **174.** ① **175.** ② **176.** ④ **177.** ④

178

① 추골:척주(脊柱)를 형성하는 단위를 이루는 뼈
② 요골:아래팔 뼈를 이루는 2개의 뼈 중 바깥쪽에 있는 뼈
③ 척추골:척추는 척주를 형성하는 뼈 구조물로, 태생기 소아는 33개로 구성되어 목뼈(경추) 7개, 등뼈(흉추) 12개, 허리뼈(요추) 5개, 엉치뼈(천추) 5개, 꼬리뼈(미추) 4개로 구성된다.

180

골단판(=성장판, 골단연골):연골조직일 경우 성장호르몬의 영향을 받아 성장할 수 있다. 골화(석회화)되면 성장이 멈춘다.

181

뇌는 두개골에 싸여 있고, 척수는 척추에 싸여 보호된다. 흉골은 흉곽을 이루고 있는 뼈이다.

178. 다음 중 편평골에 속하는 뼈는 무엇인가?

① 추골
② 요골
③ 척추골
④ 견갑골

179. 다음 중 조혈기능이 있는 것은?

① 골막
② 연골막
③ 적골수
④ 황골수

180. 성장기까지 뼈의 길이 성장을 주도하는 것은?

① 골막
② 골단판
③ 골수
④ 해면골

181. 다음 중 뇌, 척수를 보호하는 골이 아닌 것은?

① 두정골
② 측두골
③ 척추
④ 흉골

182. 근조직이 불수의근이며 횡문근인 것은 무엇인가?

① 골격근
② 심장근
③ 평활근
④ 내장평활근

183. 다음은 뉴런에 대한 설명이다. 바른 것은?

① 심근만을 자극한다.
② 신장의 기능적 단위
③ 말초신경계에서만 볼 수 있다.
④ 세포체와 수지상돌기, 축삭돌기로 구성되어 있다.

184. 다음은 신경조직에 대한 설명이다. 틀린 것은?

① 신경원 축삭은 세포체를 향해 흥분을 전달한다.
② 신경은 신경세포와 신경교세포로 구성된다.
③ 슈반세포는 말초신경에 수초를 제공한다.
④ 시냅스에서의 흥분 전달은 신경전달 물질이라는 화학물질에 의한다.

185. 뼈가 최초로 만들어질 때 단단하지 않은 조직이었다가 추후에 단단하게 변화되는 것은 무엇인가?

① 골화
② 골단
③ 골단연골
④ 연골성골

186. 다음 중 인체를 구성하는 기본조직이 아닌 것은 무엇인가?

① 골조직
② 신경조직
③ 상피조직
④ 결합조직

185

골화는 골조직의 생산과정으로 골기질 석회침착현상을 말한다.

186

인체는 신경.상피.결합조직으로 구성되어 있다.

187

세포는 핵, 세포질, 세포막으로
구성되어 있다.

189

경추 6개, 흉추 12개, 요추 5
개, 천골 1개, 미골 1개로 구성

187. 세포에 대한 설명으로 틀린 것은?

① 생명체의 구조 및 기능적 기본 단위이다.
② 세포는 핵과 근원섬유로 이루어져 있다.
③ 세포 내에는 핵이 핵막에 의해 둘러싸여있다.
④ 기능이나 소속된 조직에 따라 원형, 아메바, 타원 등 다양한 모
양을 하고 있다.

188. 골과 골 사이의 충격을 흡수하는 결합조직은?

① 섬유
② 연골
③ 관절
④ 조직

189. 척주에 대한 설명이 아닌 것은?

① 머리와 몸통을 움직일 수 있게 함
② 성인의 척주를 옆에서 보면 4개의 만곡이 존재
③ 경추5개, 흉추11개, 요추7개, 천골1개, 미골2개로 구성
④ 척수를 뼈로 감싸면서 보호

190. 다음 중 뼈와 뼈 사이의 충격을 흡수하는 결합조직은 무엇
인가?

① 연골
② 조직
③ 관절
④ 근섬유

191. 신경계 중 중추신경계에 해당되는 것은?

① 뇌
② 뇌신경
③ 척수신경
④ 교감신경

192. 다음 중 윗몸일으키기를 하였을 때 주로 강해지는근육은?

① 이두박근
② 복직근
③ 삼각근
④ 횡경막

193. 다음 중 연속적인 자극으로 큰 힘을 나타내는 근수축 형태는 무엇인가?

① 긴장
② 연축
③ 강직
④ 강축

194. 다음 중 골격근 수축 시 직접적인 에너지원은 어느 것인가?

① 요산
② 젖산
③ ATP
④ 아세틸콜린

195. 다음 설명 중 세포 내에서 에너지를 생산하고 호흡생리를 담당하는 소기관은?

① 미토콘드리아
② 핵
③ 골지체
④ 리소좀

192

복직근:흉골부터 치골까지 연결되는 근육이다. 척추를 굴곡시키거나 허리를 구부리게 한다.

195

미토콘드리아 : 세포의 에너지(ATP) 형성과 세포호흡의 주된 기관이다.
골지체 : 소포체에서 생산된 지방 및 단백질복합체를 농축, 정제, 운송, 분비한다.
리소좀 : 구형의 주머니 모양으로, 가수분해 효소가 들어있어 이물질을 분해한다.

187. ② 188. ② 189. ③ 190. ① 191. ① 192. ② 193. ④ 194. ③ 195. ①

196. 다음 중 갑상선에서 분비되는 호르몬은 무엇인가?

① 티록신
② 에스트로겐
③ 프로게스테론
④ 테스토스테론

197

심근과 평활근은 의도적으로 움직일 수 없는 불수의 근으로 자율신경의 지배를 받는다.

197. 심근과 평활근은 어떤 신경의 지배를 받는가?

① 자율신경
② 안면신경
③ 반사신경
④ 감각신경

198

운동은 근섬유가 수축하여 일어나는데 근원섬유는 액틴과 미오신으로 구성되어 있다.

198. 인체 내의 화학 물질 중 근육의 수축에 주로 관여하는 것은?

① 액틴과 미오신
② 단백질과 칼슘
③ 남성호르몬
④ 비타민과 미네랄

199. 다음 중 감각과 감정을 조절하는 신체기관은 무엇인가?

① 뇌
② 간장
③ 척수
④ 심장

200

조직 : 분화의 방향이 같고 구조가 비슷한 세포가 모여 상호 연관성을 맺은 세포집단으로 크게 상피, 결합, 근육, 신경조직으로 나뉜다.
결합조직 : 4가지 기본조직유형 중에 가장 많은 양을 차지하며 신체전반에 걸쳐 넓게 분포된 조직이다. 신체일부를 연결하거나 지지, 보호, 지방저장 및 물질운반을 한다.

200. 분화의 방향이 같고 구조가 비슷한 세포가 모여 상호 연관성을 맺은 세포집단은?

① 조직
② 세포
③ 기관
④ 계통

201. 림프의 주된 기능은?

① 분비작용

② 면역작용

③ 체절 보호 작용

④ 체온 조절 작용

202. 다음 중 호흡중추가 있는 뇌는 무엇인가?

① 연수

② 중뇌

③ 대뇌

④ 간뇌

203. 말초신경에 관한 설명 중 잘못된 것은?

① 중추신경계에 연결되어 있다.

② 체성신경계와 자율신경계로 구성되어 있다.

③ 자율신경계에서의 근육수축은 개체의 의식적조절에 의한 것이다.

④ 체성신경계는감각신경과운동신경이쌍으로존재한다.

204. 물질이동 시 물질을 이루고 있는 입자들이 스스로 운동하여 농도가 높은 곳에서 낮은 곳으로 액체나 기체 속을 분자가 퍼져나가는 현상은?

① 능동수송

② 확산

③ 삼투

④ 여과

201

림프의 기능−과도한 물과 단백질, 노폐물 등을 흡수하여 혈관계로 돌려주고 지용성 영양분을 흡수하며, 감염으로부터 조직을 보호하는 역할을 한다. 면역작용이 이에 해당한다.

203

자율신경계는대뇌의지배를받지않고우리몸의기능을자율적으로조절하므로개체의의식적조절이불가능하다.

204

확산:가장 일반적인 이동방법. 고농도에서 저농도로 물질분자의 이동을 말한다.

196. ① 197. ① 198. ① 199. ① 200. ① 201. ② 202. ① 203. ③ 204. ②

Part
01

맞/춤/해/설

205

골격의 기능 중에는 조혈기능
이 있다. 적골수에서 혈액세포
를 생산한다.

206

조혈작용은 골격계의 기능이다.

205. 골격계에 대한 설명 중 옳지 않은 것은?

① 인체의 골격은 약 206개의 뼈로 구성된다.
② 체중의 약 20%를 차지하며 골, 연골, 관절 및 인대를 총칭한다.
③ 기관을 둘러싸서 내부 장기를 외부의 충격으로부터 보호한다.
④ 골격에서는 혈액세포를 생성하지 않는다.

206. 골격근의 기능이 아닌 것은?

① 수의적 운동
② 자세유지
③ 체중의 지탱
④ 조혈작용

205. ④ **206.** ④

피부학

적/중/예/상/문/제

01. 피부의 표피의 구조를 가장 바깥쪽으로부터 알맞게 표기된 것은?

① 각질층-투명층-유극층-과립층-기저층
② 각질층-유극층-투명층-과립층-기저층
③ 각질층-투명층-과립층-유극층-기저층
④ 각질층-기저층-과립층-유극층-투명층

02. 천연보습인자(NMF)에 대한 설명으로 옳지 않은 것은?

① 수분의 증발을 막는다.
② 아미노산, 피롤리딘카르복실산, 젖산, 요소 등으로 구성되어 있다.
③ 세라마이드, 지방산, 콜레스테롤이 있는 2중층의 친유기 집단의 형태이다.
④ 미생물과 오염물질의 피부침투를 막는다.

03. 각질을 형성하는 각질형성세포가 위치하고 있는 곳은 다음 중 어디인가?

① 기저층
② 망상층
③ 과립층
④ 피하지방

01

표피는 5개의 층으로 밖에서부터 각질층-투명층-과립층-유극층-기저층으로 되어있다.

02

③ 각질 간 지질에 관한 설명이다.

03

기저층은 생물체의 기관이나 조직을 구성하는 기저부분으로 포유류의 상피를 구성한다.

01. ③ **02.** ③ **03.** ①

04

랭게르한스 세포는 유극층에서 면역에 관여되는 일을 담당한다.
③ NK세포(Natural killer cell, 자연살해세포)는 스스로 판단하여 이물질을 인식하고 항원 생성을 억제시키는 세포이다.
④ 대식세포는 백혈구의 포식 작용을 통해 인체를 보호한다.

05

엘라이딘(Elaidin)이라는 반유 동물질이 함유되어 있어 투명 하게 보이고 수분의 투과를 막고 자외선을 반사하는 기능이 있는 곳은 투명층이다.

06

면역기능을 담당하는 랭게르한 스세포는 유극층에 존재한다.

07

피하지방은 에스트로겐과 연관 이 있다.

04. 표피층의 유극층에서 면역 작용에 기여하는 세포는 어느 것 인가?

① 랭게르한스세포
② 멜라노사이트
③ NK 세포
④ 대식세포

05. 피부의 표피 중 주로 두꺼운 피부에 존재하고 엘라이딘 이라 는 유동물질이 있는 층은?

① 과립층
② 유극층
③ 각질층
④ 투명층

06. 면역기능을 담당하는 세포가 존재하는 층은?

① 기저층
② 과립층
③ 유극층
④ 투명층

07. 피하지방층에 대한 설명으로 틀린 것은?

① 체온 보호기능이 있어 체온손실을 막아준다.
② 테스토스테론과 관계가 있다.
③ 완충작용이 있어 외상으로부터 내부를 보호한다.
④ 인체에서 소모되고 남은 영양이나 에너지를 저장하는 기능이 있다.

08. 다음은 피부의 기능 중 어느 작용에 대한 설명인가?

▼

한선과 피지선에서 나온 땀과 피지가 섞여 피지막을 형성하여 수분증발 억제
와 박테리아성장을 억제한다.

① 감각작용
② 분비 및 배설작용
③ 체온조절작용
④ 흡수작용

09. 노화가 발생하면 땀의 분비가 저하된다. 무엇의 감소로 인한
증상인가?

① 모유두
② 모낭
③ 한선
④ 피지선

10. 피부의 가장 이상적인 산성도는 어느 것인가?

① pH 2.2~4.5
② pH 5.2~5.8
③ pH 3.5~5.5
④ pH 7.5~8.5

11. 다음 설명 중 에크린선에 대한 것으로 옳은 것은 무엇인가?

① 모낭의 윗부분과 연결되며 모공에 개구된다.
② 입술과 음부를 제외한 전신에 분포되어 있다.
③ 사춘기부터 분비가 시작되어 갱년기 이후 기능이 퇴화된다.
④ 출생 시 전신의 피부에 형성 되었다가 생후 5개월경에는 퇴화된다.

08

피부진피층에 위치한 한선과
피지선에서 땀과 피지가 분비
산성막을 형성시켜 피부를 보
호한다.

09

한선에서는 땀의 분비가 이루
어지며 노화가 진행되면 땀의
분비가 감소된다.

10

건강한 피부의 pH는 5.2~5.8
이다.

04. ① **05.** ④ **06.** ③ **07.** ② **08.** ② **09.** ③ **10.** ② **11.** ②

12

① 피지분비는 테스토스테론에
의해 촉진된다.
③ 피지선이은 50대 이후에 퇴
화된다.
④ 땀이 많이 분비되는 건 다
한증이다.

13

진피의 대부분을 차지하는 섬
유상 단백질로 많은 수분을 함
유할 수 있는 능력이 뛰어난
것은 콜라겐이다.

15

①, ③번 노화피부
②번 모세혈관은 확장과 수축
을 반복하기 때문에 모세혈관
확장피부는 혈관이 이완된 상
태이다.

12. 피지에 대한 설명으로 맞는 것은?

① 여성 호르몬인 에스트로겐에 의해 피지 분비가 촉진된다.
② 진피의 망상층에 피지선이 존재한다.
③ 50대 이후가 되면 더욱 많이 분비된다.
④ 피지가 많이 분비되는 것을 다한증이라 한다.

13. 다음 중 피부표면의 항상성을 유지하기 위해 필요한 요소가
아닌 것은?

① 땀
② 지질
③ 각질
④ 콜라겐

14. 피하지방층에 대한 설명으로 틀린 것은?

① 남성호르몬과 관계가 있다.
② 체온 보호기능이 있어 체온손실을 막아준다.
③ 외부의 압력이나 충격을 흡수하여 신체 내부 손상을 막아준다.
④ 인체에서 소모되고 남은 영양이나 에너지를 저장하는 기능이 있다.

15. 모세혈관 확장피부에 대한 설명으로 옳은 것은?

① 굵은 주름이 두드러져 보이고, 얼굴이 그늘져 보인다.
② 모세혈관이 수축된 상태이다.
③ 피부두께는 얇아지고 각질의 두께는 두꺼워진다
④ 각화주기가 빨라져 각질층이 얇아진다.

16. 다음은 피지에 대한 설명이다. 이 중 틀린 것은?

① 진피의 망상층에 위치한다.
② 사춘기에 왕성하게 진행되다가 40세 이후 많이 감소한다.
③ 여성이 남성보다 피지분비가 왕성하다.
④ 독립피지선은 모낭과 관계없이 존재하며 윗입술, 눈꺼풀, 유두
등에서 볼 수 있다.

17. 건성피부의 원인이 아닌 것은?

　① 심한 냉난방과 같은 외부자극
　② 프로게스테론의 증가
　③ 잦은 세안
　④ 연령의 증가

17

피지증가의 원인은 프로게스테론이다.

18. 표피수분부족피부의 특징으로 틀린 것은?

　① 피지분비가 많은 지성피부에서도 찾아볼 수 있는 피부타입이다.
　② 지나친 냉난방이나 세안습관도 원인이 된다.
　③ 피부가 번들거리고, 화장이 잘 지워진다.
　④ 수분이 많이 부족한 건성피부이다.

18

지나친 냉난방이나 세안습관이 원인이 되는 피부는 지성피부이다.

19. 다음 중 영양에 대한 설명이 바른 것은?

　① 열량소, 구성소, 조절소로 분류한다.
　② 기본적인 생체기능을 하는데 필요한 에너지이다.
　③ 생명체의 성장과 생명을 유지, 활동을 계속하는 과정을 영양이라고 한다.
　④ 신체의 구성성분, 에너지 공급, 생리작용의 조절을 한다.

19

①, ②, ③번은 영양소와 기초대사량에 대한 설명이다.

20. 다음 중 종류가 틀린 것은?

　① 탄수화물
　② 비타민
　③ 단백질
　④ 지방

20

탄수화물, 단백질, 지방은 열량소이고 비타민은 조절소이다.

12. ②　**13.** ④　**14.** ①　**15.** ④　**16.** ③　**17.** ②　**18.** ②　**19.** ④　**20.** ②

21. 체조직 구성 영양소에 대한 설명으로 틀린 것은?

① 지질은 체지방의 형태로 에너지를 저장하며 생체막 성분으로 체
구성 역할과 피부의 보호역할을 한다.
② 지방이 분해되면 지방산이 되는데 이중 불포화지방산은 인체 구
성 성분으로 중요한 위치를 차지하므로 필수지방산이라고도 한다.
③ 필수지방산은 식물성지방보다 동물성지방을 먹는 것이 좋다.
④ 불포화지방산은 상온에서 액체 상태를 유지한다.

22. 열량원으로 쓰이고 남은 것은 글리코겐과 지방으로 전환되어
저장되고, 혈액 중 1%를 함유하고 있는 것은?

① 전분
② 맥아당
③ 포도당
④ 유당

23. 단백질의 작용이 아닌 것은?

① 모발, 손톱, 피부, 뼈, 혈관 등 조직을 생성하는 작용을 한다.
② 효소, 호르몬의 합성에 중요하다.
③ 체내의 수분 조절과 산, 염기의 평형을 유지하는 작용을 한다.
④ 체온 유지 및 장기의 보호 작용을 돕는다.

24. 단백질에 대한 설명으로 바른 것은?

① 단백질은 탄소, 수소, 산소로 구성 되어 있다.
② 단백질은 질소를 함유한 물질로서 신체의 기본 구성성분이다.
③ 체내에서 합성이 가능한 필수 아미노산과 체내에서 합성되지 않
는 비필수 아미노산이 있다.
④ 약 5~ 10개의 아미노산이 펩티드 결합을 하고 있다.

22

포도당에 대한 설명이다.

23

체온 유지 및 장기의 보호 작용은 지방의 작용이다.

24

단백질은 탄소, 수소, 질소의 구성되고, 필수 아미노산만 있다. 또한 수천 수백 개의 아미노산이 펩티드 결합으로 하고 있다.

25. 다음 중 단백질에 대한 내용으로 틀린 것은?

① 체내 지용성 비타민의 흡수를 촉진시킨다.
② 결핍증으로는 콰시오카와 마라스무스가 해당된다.
③ 체내 수분량을 조절과 pH 평형 유지에 관여한다.
④ 효소, 호르몬, 항체 등의 주요 생체기능을 수행하고 체조직을 구성한다.

25

체내 지용성 비타민의 흡수를 촉진하는 것은 지방이다.

26. 지방에 대한 설명으로 틀린 것은?

① 탄소 ,수소, 산소로 구성되며 물에 녹지 않는다.
② 단순지질, 복합지질, 유도지질로 분류 된다.
③ 탄소의 결합 방식에 따라 필수 아미노산, 비 필수 아미노산으로 나누어진다.
④ 과잉증세로는 비만, 고혈압, 동맥경화, 간 질환증세가 있다.

26

체내 합성에 따라 필수 지방산, 비 필수 지방산으로 구분 된다.

27. 산과 알칼리 평형을 유지, 체내 노폐물 배설 촉진을 하는 무기질은?

① 칼슘
② 마그네슘
③ 나트륨, 칼륨
④ 요오드

27

나트륨과 칼륨에 대한 설명이다.

28. 갑상선의 중요한 구성 성분이고 기초 대사율 증가, 건강한 피부, 신경과 근육에 작용하는 것은?

① 요오드
② 나트륨
③ 인
④ 철

28

요오드 : 성인의 체내에 함유된 요오드는 갑상선에 70~80% 함유되어 있다. 갑상선의 구성요소로써 활력증진, 건강한 피부, 체온조절, 기초대사율 증가, 성장, 신경과 근육에 작용한다.

21. ③ **22.** ③ **23.** ④ **24.** ② **25.** ① **26.** ③ **27.** ③ **28.** ①

29

항산화기능, 모세혈관강화, 부족하면 괴혈병이 생기는 것은 비타민C이다.

30

비타민B3:펠라그라, 구내염, 피부염, 설사, 불면증

31

비타민B12에 관한 설명이다.

32

적외선은 인체에 무해하며 근육이완효과가 있고, 피부 깊이 영양분을 침투시킨다. 발열작용이 있는 적외선은 태양광선의 50%이상을 차지한다.

---

29. 다음 중 지용성 비타민에 대한 설명이 틀린 것은?

① 비타민A – 레티놀이라고 하고, 세포분화 및 시각관련 작용을 한다.
② 비타민D – 햇빛을 받아야만 체내에서 합성되고, 부족하면 구루병이 생길 수 있다.
③ 비타민K – 혈액응고에 관여, 간 기능을 돕고, 모세혈관을 튼튼하게 한다.
④ 비타민E – 항산화기능, 모세혈관강화, 부족하면 괴혈병이 생긴다.

30. 비타민과 결핍증의 연결이 틀린 것은?

① 비타민B1 – 각기병, 식용부진, 신경쇠약
② 비타민B6 – 당뇨병, 빈혈, 지루성피부염, 우울증, 설염
③ 비타민C – 괴혈병, 골절, 설사증세, 상처치유지연
④ 비타민B2 – 펠라그라, 구내염, 피부염, 설사, 불면증

31. 엽산대사와 밀접한 관계가 있고 악성 빈혈, 엽산의 결핍증과 동일하고 집중력과 기억력 상실, 치매, 마비 증상이 나타나는 비타민은?

① 비타민D
② 비타민B5
③ 마그네슘
④ 비타민B12

32 . 광선의 종류 중 발열작용이 있어 열선이라 하며 피부 깊숙이 침투하여 혈액순환 촉진하고 신진대사 원활하게 하는 효과가 있는 광선은 무엇인가?

① 가시광선
② 적외선
③ 자외선
④ 감마선

33. 다음 중 모발의 주성분은 무엇인가?

① 지방
② 단백질
③ 무기염류
④ 탄수화물

33

모발의 주성분은 케라틴이라는
경단백질로 구성되어 있다.

34. 태양광선에 대한 설명이다. 어느 광선에 대한 설명인가?

▼

> 즉각 색소 침착을 유발해 Sun tan을 발생시킨다. 진피상부까지 침투된다.

① UVA
② UVB
③ UVC
④ 적외선

34

UVA는 진피상부까지 침투해
즉각 색소 침착을
유발해 Sun tan을 발생시킨다.

35. 다음 중 피부색을 나타내는 색소가 아닌 것은?

① 헤모글로빈
② 멜라닌
③ 에르고스테롤
④ 카로틴

35

에르고스테롤은 비타민D의 전
구물질이다.

36. 멜라닌으로 인해 생성되는 기미에 대한 설명으로 틀린 것은?

① 과도한 각질제거제 사용으로 생성
② VTC가 함유된 제품을 바르면 미백효과가 있다.
③ 티로시나아제의 활성에 의해 색소침착이 유발된다.
④ 선탠기계를 이용하면 기미발생이 되지 않는다.

36

과도하게 사용하면 선탠기계도
기미를 유발시킨다.

29. ④ **30.** ④ **31.** ④ **32.** ② **33.** ② **34.** ① **35.** ④ **36.** ④

37

② 아밀라아제는 소화효소, MSH는 멜라닌세포형성 자극 호르몬, 판크레아틴은 췌장의 효소이다.

38

②는 항원, ③은 대식세포, ④ 는 히스타민에 관한 설명이다.

39

췌장은 면역기능을 담당하는 기관이 아니다.

40

보체, 식작용과 염증반응, 피부 의 점막은 수동면역에 의한 방어 작용이다.

37. 멜라닌의 형성과정이다. 다음의 괄호에 들어갈 단어는?

( ) – 티로신 – 도파 – 도파퀴논 – 도파크롬 – 멜라닌 형성

① 티로시나제
② 아밀라아제
③ MSH
④ 판크레아틴

38. 다음 중 면역에 대한 개념을 가장 잘 설명한 것은?

① 세균이나 바이러스, 지나친 스트레스, 신체의 저항력을 감퇴시키는 요인 등에 의해 야기되는 질병으로부터 저항 할 수 있는 인체의 능력을 말한다.
② 외부에서 침입한 모든 외부 인자를 말하며, 바이러스, 미생물, 균, 등을 말한다.
③ 침입한 이물질을 잡아 포식하고 소화하는 대형 식세포를 말한다.
④ 방어 단백질로써 혈관을 확장시키고, 혈액량을 늘리며 이로 인해 부종, 소양감이 나타난다.

39. 다음 중 면역기능에 관여하는 기관으로 옳지 않는 것은?

① 흉선
② 췌장
③ 골수
④ 비장

40. 다음 중 능동면역에서의 대표적 방어 작용으로 옳은 것은?

① 보체
② 식작용과 염증반응
③ 피부의 점막
④ 림프구

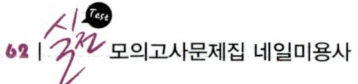

41. 균, 먼지 등 외부에서 침입하여 면역체계에서 면역반응을 일으키게 하는 원인물질을 무엇이라 하는가?

① 항체
② 항원
③ 히스타민
④ 보체

42. 다음 중 표피세포가 퇴화되어 각질화 되는 과정의 1단계로 핵이 없어지는 층은 무엇인가?

① 각질층
② 유극층
③ 과립층
④ 투명층

43. 다음 중 면역체계의 설명으로 옳은 것은?

① 면역의 방어기전은 비특이성면역과 특이성면역으로 분류되며, 비특이성면역은 모든 이질인자에 대해 작용하고 특정한 인자에 대한 인지는 필요 없다.
② 태어날 때부터 자연적으로 얻어져 인종과 개인의 특이성을 갖는 면역을 획득면역이라 한다.
③ 인체의 방어벽이 무너질 경우에 면역체계가 무너지고 균이나 바이러스의 침입은 더 어려워진다.
④ 자연면역은 매우 특이한 작용을 가진 방어기전을 말하며 대표적으로 림프구가 있다.

41

항원은 이물질이 면역체계에 침입하여 면역반응을 일으키게 한다.

43

② 태어날 때부터 자연적으로 얻어지는 면역을 자연면역이라 한다.
③ 면역체계가 무너지면 균이나 바이러스의 침입은 쉬워진다.
④ 매우 특이한 작용을 가진 방어기전은 후천면역에 대한 설명이다.

37. ① **38.** ① **39.** ② **40.** ④ **41.** ② **42.** ③ **43.** ①

44

비특이성면역은 제1방어선으로는 피부, 점막 등이 있고, 제2방어선으로는 보체, 인터페론 등이 있다.

46

① 땀과 피지분비는 줄어든다.
③ 노화는 꾸준한 운동, 식이요법과 체중조절, 긍정적 사고로 예방 및 지연시킬 수 있다.
④ 내인성노화에 비해 외인성노화는 노화현상이 심하며 빠르게 나타난다.

44. 다음은 무엇에 대한 설명인가?

> 특이한 이질인자를 인식하지 않고 많은 각기 다른 이질인자로부터 인체를 보호한다.
>
> 특별한 기억작용이 없으며 제1방어선으로는 피부, 점막 등이 있고, 제2방어선으로는 보체, 인터페론 등이 있다.

① 비특이성 면역
② 특이성 면역
③ 자연 살해 세포
④ 림프구

45. 다음은 탄력섬유에 대한 설명이다. 이 중 옳지 않은 것은?

① 피부를 잡아 당겼을 때 1.5배까지 늘어날 수 있으며 이는 탄력섬유에 의한 것이다.
② 교원섬유에 비해 짧고 가는 섬유로 되어있다.
③ 각종 화합물질에 대해서도 저항력이 매우 강하다.
④ 백섬유(White Fiber)라 하며 섬유아세포에서 생성된다.

46. 다음 중 노화와 관련된 설명으로 가장 옳은 것은?

① 피부의 노화현상 으로는 교원섬유, 탄력섬유 등이 감소하며 땀과 피지가 증가한다.
② 노화란 시간이 지남에 따라 나타나는 퇴행성 변화로써 외부 환경에 대해 인체 반응능력이 떨어지는 현상이다.
③ 노화는 나이가 듦에 따라 나타나는 자연스러운 현상이므로 예방하거나 지연 시킬 수는 없다.
④ 내인성노화는 외인성노화에 비해 노화속도가 빠르고 나타나는 증상이 심하다.

47. 노화의 원인설중 세포내 불완전산화가 생체막의 구조적, 기능적 손상을 유발할 뿐만 아니라, 노화를 촉진시킨다고 하는 노화의 원인설은?

① DNA프로그램설
② 텔로미어 단축설
③ 오류설
④ 프리래디칼설

48. 다음은 피부의 기능에 대한 설명이다. 이 중 틀린 것은?

① 보호작용
② 저장작용
③ 체온 조절작용
④ 비타민 D 흡수작용

49. 다음 중 외인성 노화와 관계된 것이 아닌 것은?

① 자외선
② 스트레스
③ 잘못된 수면습관
④ 유전

50. 나이가 들어감에 따라 자연스레 나타나는 자연적 노화현상은 어느 것인가?

① 광노화
② 내인성노화
③ 외인성노화
④ 표피의 노화

47

프리래디칼설의 설명이다.

49

내인성노화의 대표적 예는 유전이다.

50

피부노화는 크게 내인성노화와 광노화로 나뉘어 지는데 내인성노화는 나이의 증가에 따른 노화현상을 말하며 유전적 요인의 영향을 많이 받는다.

51

① 외인성노화의 주된 원인은
자외선으로 인한 광노화이다.
③ 내인성노화에 대한 설명이다.
④ 외인성노화에 대한 설명이다.

53

노화가 오면 조갑이 얇아지고
잘 부서진다.

---

51. 다음 중 노화에 관련된 내용 중 옳은 것은?

① 외인성노화의 주된 원인은 유전이다.
② 내인성노화의 주된 원인은 유전이다.
③ 외인성노화는 자연적노화, 생리적 노화가 있다.
④ 내인성노화의 주된 원인은 자외선으로 광노화라고도 한다.

52. 다음 중 가장 높은 효율적인 에너지원을 낼 수 있는 영양소
는?

① 지질
② 단백질
③ 비타민
④ 탄수화물

53. 노화에 의한 피부변화로 옳은 것은?

① NMF의 주성분인 아미노산이 증가하여 피부 수분 함수량이 높아
진다.
② 한선과 피지선이 발달하여 땀과 피지분비가 증가한다.
③ 노화기 진행됨에 따라 콜라겐과 엘라스틴의 합성능력이 높아져
진피가 두꺼워진다.
④ 피부의 부속기관으로써 조갑이 얇아지고 잘 부서진다.

54. 노화와 죽음은 태어날 때부터 정해진 유전자 정보에 의해 프
로그램화 되어있다고 보는 노화이론설은?

① DNA프로그램설
② 독소설
③ 오류파국설
④ 텔러미어 가설

55. 다음 중 노화 관리법으로 적당하지 않는 것은?

① 적당한 운동과 긍정적인 사고를 가지도록 노력하고 스트레스를 피한다.
② 신선한 야채섭취와 균형 있는 영양섭취로 과식을 막고 체중조절을 한다.
③ 적당한 관리를 통해 순환을 촉진시키고 수분공급을 위해 보습팩 등을 적당히 해준다.
④ 적당한 흡연은 산소공급을 해준다.

56. 피지와 땀의 분비 저하로 유.수분의 균형이 정상적이지 못하고, 피부결이 얇으며 탄력 저하와 주름이 쉽게 형성되는 피부는?

① 건성피부
② 지성피부
③ 이상피부
④ 민감피부

57. 성인의 경우 피부가 차지하는 비중은 체중의 약 몇 %인가?

① 5~7%
② 15~17%
③ 25~27%
④ 35~37%

58. 여드름 발생의 주요 원인과 가장 거리가 먼 것은?

① 아포크린한선의 분비증가
② 모낭 내 이상 각화
③ 여드름 균의 군락 형성
④ 염증반응

55

흡연은 산소공급의 장애를 일으키기 때문에 노화를 촉진시킨다.

57

성인의 경우에는 체중 15~17%를 피부가 차지한다.

58

아포크린한선의 분비가 증가하면 특유의 액취증을 형성한다.

51. ② **52.** ① **53.** ④ **54.** ① **55.** ④ **56.** ① **57.** ② **58.** ①

59

광노화로 인해 표피의 두께는 두꺼워지고 콜라겐의 변성과 파괴로 진피두께가 증가한다.

59. 피부노화 현상으로 옳은 것은?

① 피부노화가 진행되어도 진피의 두께는 그래도 유지된다.
② 광노화에서는 내인성 노화와 달리 표피가 얇아지는 것이 특징이다.
③ 피부 노화에는 나이에 따른 과정으로 일어나는 광노화와 누적된 햇빛노출에 의하여 야기되기도 한다.
④ 내인성 노화보다는 광노화에서 표피두께가 두꺼워진다.

60. 다음 중 표피층을 순서대로 나열한 것은?

① 각질층, 유극층, 투명층, 과립층, 기저층
② 각질층, 유극층, 망상층, 기저층, 과립층
③ 각질층, 과립층, 유극층, 투명층, 기저층
④ 각질층, 투명층, 과립층, 유극층, 기저층

61

멜라닌세포는 멜라닌을 생성해 내는 색소형성세포이고 기저층에 위치한다.

61. 다음 중 멜라닌 세포에 관한 설명으로 틀린 것은?

① 멜라닌의 기능은 자외선으로부터의 보호 작용이다.
② 과립층에 위치한다.
③ 색소제조 세포이다.
④ 자외선을 받으면 왕성하게 활성 한다.

62

반흔은 속발진의 증상 중 하나이다.

62. 다음 중 원발진이 아닌 것은?

① 구진
② 농포
③ 반흔
④ 종양

63

피부 당김이 진피에서 심하게 느껴지는 것은 진피성 수분부족 피부의 특징이다.

63. 표피수분부족 피부의 특징이 아닌 것은?

① 연령에 관계없이 발생한다.
② 피부조직에 표피성 잔주름이 형성된다.
③ 피부 당김이 진피(내부)에서 심하게 느껴진다.
④ 피부조직이 별로 얇게 보이지 않는다.

64. 피부구조에 대한 설명 중 틀린 것은?

① 피부는 표피, 진피, 피하지방층의 3개 층으로 구성된다.
② 표피는 일반적으로 내측으로부터 기저층, 투명층, 유극층, 과립층 및 각질층의 5층으로 나뉜다.
③ 멜라닌 세포는 표피의 유극층에 산재한다.
④ 멜라닌 세포 수는 민족과 피부색에 관계없이 일정하다.

65. 다음 중 인과 칼륨의 이상적인 비율은 무엇인가?

① 1:1
② 2:1
③ 3:1
④ 4:1

66. 피부 표피 중 가장 두꺼운 층은?

① 각질층
② 유극층
③ 과립층
④ 기저층

67. 각 비타민의 효능 설명 중 옳은 것은?

① 비타민 E : 아스코르빈산의 유도체로 사용되며 미백제로 이용된다.
② 비타민 A : 혈액순환 촉진과 피부 청정효과가 우수하다.
③ 비타민 P : 바이오플라보노이드(Bioflavonoid) 라고도 하며 모세혈관을 강화하는 효과가 있다
④ 비타민 B : 세포 및 결합조직의 조기노화를 예방한다.

64

멜라노사이트(멜라노 세포)는 대부분 기저층에 위치한다.

66

표피의 영야을 관장하는 유극층은 표피층 중 가장 두꺼운 층이다.

67

① 비타민C에 대한 설명이다.
④ 비타민E와 비타민C에 대한 설명이다.

59. ④ **60.** ④ **61.** ② **62.** ③ **63.** ③ **64.** ③ **65.** ① **66.** ② **67.** ③

68. 피부의 각질층에 존재하는 세포간지질 중 가장 많이 함유된 것은?

① 세라마이드(Ceramide)
② 콜레스테롤(Cholesterol)
③ 스쿠알렌(Squalene)
④ 왁스(Wax)

69

세라마이드는 세포간지질의 50%이상을 차지한다.

69. 콜라겐(Collagen)에 대한 설명으로 틀린 것은?

① 노화된 피부에는 콜라겐 함량이 낮다
② 콜라겐이 부족하면 주름이 발생하기 쉽다.
③ 콜라겐은 피부의 표피에 주로 존재한다.
④ 콜라겐은 섬유아세포에서 생성된다.

70

진피층에 주로 존재하는 것은 콜라겐(교원섬유)과 엘라스틴(탄력섬유)이다.

70. 성인이 하루에 분비하는 피지의 양은?

① 약 1~2g
② 약 0.1~0.2g
③ 약 3~5g
④ 약 5~8g

71

자외선이 주원인인 광노화는 노화 증상이 내인성에 비해 일찍 관찰되며 비정상적인 혈관 확장 등이 일어난다.

71. 광노화의 반응과 가장 거리가 먼 것은?

① 거칠어짐
② 건조
③ 과색소침착증
④ 모세혈관 수축

72

자외선의 영향을 과다하게 받으면 홍반, 색소침착, 선번, 노화현상 촉진, 모세혈관 확장, 각질의 두께가 두꺼워지는 현상이 나타난다.

72. 자외선의 영향으로 인한 부정적인 효과는?

① 홍반반응
② 피지분비 상태
③ 모공의 크기
④ 강장효과

73. 땀의 분비가 감소하고 갑상선 기능의 저하, 신경계 질환의 원인이 되는 것은?

① 다한증
② 소한증
③ 무한증
④ 액취증

74. 장기간에 걸쳐 반복하여 긁거나 비벼서 표피가 건조하고 가죽처럼 두꺼워진 상태는?

① 가피
② 낭종
③ 태선화
④ 반흔

75. 다음 중 적외선이 인체에 미치는 효과가 아닌 것은 무엇인가?

① 살균효과
② 혈관 확장
③ 땀샘 활동 증가
④ 피부 노폐물의 배출을 돕는다.

76. 원주형의 세포가 단층으로 이어져 있으며 각질형성세포와 색소형성세포가 존재하는 피부층은?

① 기저층
② 투명층
③ 각질층
④ 유극층

68. ① 69. ③ 70. ① 71. ④ 72. ① 73. ② 74. ③ 75. ① 76. ①

77. 피부에 피지가 하는 작용과 관계가 가장 먼 것은?

① 수분증발억제
② 살균작용
③ 열발산방지작용
④ 유화작용

78. 각화유리질과립은 피부 표피의 어떤 층에 주로 존재하는가?

① 과립층
② 유극층
③ 기저층
④ 투명층

79

표피층에 존재하는 세포는 멜라닌 세포, 랑게르한스 세포, 머켈세포, 각질형성세포이다. 섬유아 세포, 비만세포, 대식세포는 진피층에 존재한다.

79. 다음 중 진피의 구성세포는?

① 멜라닌 세포
② 랑게르한스세포
③ 섬유아 세포
④ 머켈세포

80. 다음은 수용성 비타민에 대한 설명이다. 이 중 옳은 것은?

① 필요량은 매일 꼭 공급해야 한다.
② 체외로 쉽게 방출되지 않는다.
③ 결핍 증세가 서서히 나타난다.
④ 필요량 이상 섭취하면 체내에서 저장된다.

81

갑자기 살이 찌는 경우는 주름이 적어 보이기도 한다.
단, 있었던 주름이 없어지는 것은 아니다. 오히려 임신이나 갑자기 찐 살로 인해 튼살이 생길 수도 있다.

81. 다음 중 주름살이 생기는 요인으로 가장 거리가 먼 것은?

① 수분이 부족상태
② 지나치게 햇빛에 노출되었을 때
③ 갑자기 살이 찐 경우
④ 과도한 안면운동

82. 콜레스테롤의 대사 및 해독작용과 스테로이드 호르몬의 합성과 관계있는 무과립 세포는?

① 조면형질내세망
② 골면형질내세망
③ 용해소체
④ 골기체

83. 다음 중 표피세포가 퇴화되어 각질화 되는 과정의 1단계로 핵이 없어지는 층은 무엇인가?

① 각질층
② 유극층
③ 과립층
④ 투명층

84. 아포크린선한선의 설명으로 틀린 것은?

① 아포크린한선의 냄새는 여성보다 남성에게 강하게 나타난다.
② 땀의 산도가 붕괴되면 심한 냄새를 동반한다.
③ 겨드랑이, 대음순, 배꼽주변에 존재한다.
④ 인종적으로 흑인이 가장 많이 분비한다.

85. 다음 중 원발진에 해당하는 피부변화는?

① 가피
② 미란
③ 위축
④ 구진

82

무과립은 리보솜이 붙어있지 않는 것을 말한다.
소포체는 리보솜이 붙어 있으면 조면형질내세망(조면소포체), 리보솜이 없으면 골면형질내세망(활면소포체)라고 한다.

83

과립층은 3~5개의 케라티노사이트층으로 구성되어 있으며 피부보호 작용을 하는 섬유 단백질이 형성되기 시작하는 부분이다.

84

아포크린한선의 냄새는 여성이 남성보다 더 강하다.

85

원발진:반점, 구진, 팽진, 결절, 종양, 수포, 대수포, 농포, 면포
속발진:인설, 가피, 미란, 찰상, 균열, 궤양, 반흔, 태선화

77. ③ 78. ① 79. ③ 80. ① 81. ③ 82. ② 83. ③ 84. ① 85. ④

86

과립층에는 수분저지막이 존재하여 외부로부터의 수분 침투와 내부 수분의 탈수를 방지한다

88

② 유두층은 결합조직으로 교원섬유가 불규칙적으로 드문드문 배열되어있다.
③ 촉각과 통각이 위치한다.
④ 모세혈관과 림프관, 신경종 말이 몰려있어 표피 기저층에 많은 영양분과 산소 공급을 해준다.

89

티눈:피부에 계속적인 압박으로 생기는 각질층의 증식현상. 작은 범위의 각질이 증식되어 원뿔모양으로 피부에 박혀있는 것을 말한다. 원추형의 국한성 비후증으로 경성과 연성이 있다.

86. 표피 중에서 피부로부터 수분이 증발하는 것을 막는 층은?

① 각질층
② 기저층
③ 과립층
④ 유극층

87. 다음 내용에 해당하는 세포질 내부의 구조물은?

- 세포내의 호흡생리에 관여
- 이중막으로 싸여진 계란형(타원형)의 모양
- 아데노신 삼인산(Adenosin Triphosphate)을 생산

① 형질내세망(Endolpasmic Reticulum)
② 용해소체(Lysosome)
③ 골기체(Golgi apparatus)
④ 사립체(Mitochondria)

88. 다음은 유두층에 대한 설명이다. 옳은 것은 무엇인가?

① 전체 진피의 10~20% 차지한다.
② 교원섬유와 탄력섬유가 채워져 있다.
③ 압각, 온각, 냉각의 감각기관이 분포한다.
④ 모세혈관이 거의 없고 혈관, 피지선, 한선, 신경총 등이 분포한다.

89. 피부에 계속적인 압박으로 생기는 각질층의 증식현상이며, 원추형의 국한성 비후증으로 경성과 연성이 있는 것은?

① 사마귀
② 무좀
③ 굳은살
④ 티눈

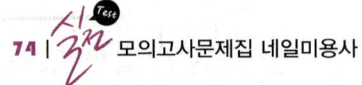

90. 피지선에 대한 내용으로 틀린 것은?

① 진피층에 놓여 있다.
② 손바닥과 발바닥, 얼굴, 이마 등에 많다.
③ 사춘기 남성에게 집중적으로 분비된다.
④ 입술, 성기, 유두, 귀두, 등에 독립피지선이있다.

91. 켈로이드는 어떤 조직이 비정상으로 성장한 것인가?

① 피하지방조직
② 정상 상피조직
③ 정상 분비선 조직
④ 결합조직

92. 다음 중 자외선을 차단하는 방법으로 적절하지 않은 것은?

① 자외선이 강한 계절에는 모자, 선글라스, 양산을 사용하는 것이 도움이 된다.
② 자외선은 일 년 내내 존재하므로 SPF 30 정도의 차단제를 항상 발라주어야 한다.
③ 차단제를 발랐다 하더라도 시간이 어느 정도 지났거나 땀이 났으면 다시 반복해서 발라준다.
④ 메이크업은 자외선 차단에 도움이 되므로 외출 시에는 어느 정도 메이크업을 하는 것이 좋다.

93. 교원섬유(Collagen)와 탄력섬유(Elastin)로 구성되어 있어 강한 탄력성을 지니고 있는 곳은?

① 표피
② 진피
③ 피하조직
④ 근육

90

손바닥과 발바닥에는 피지선이 없다.
· 큰 피지선:T–zone, 목, 등, 가슴
· 작은피지선:손, 발바닥을 제외한 전신
· 독립 피지선:털과 연결되지 않은 곳, 입술, 성기, 유두, 귀두

91

켈로이드는 피부 재생 시 콜라겐섬유의 이상 증식현상이다. 콜라겐섬유가 모인 것이 교원섬유이고, 교원섬유는 결합조직이다.

92

평소 생활자외선을 예방할 때는 SPF 30이 아닌 그 이하의 것으로 발라준다.
· SPF 10~15:생활자외선 차단, 사무실 내
· SPF 20:시내 데이트 시, 쇼핑
· SPF 30:등산, 야외 운동 시
· SPF 40 이상:골프, 스키, 수영, 해변가 등 장시간 노출 시

86. ③ **87.** ④ **88.** ① **89.** ④ **90.** ② **91.** ④ **92.** ② **93.** ②

94

한관종:피부색의 작은 구진으로 물사마귀라고 불리기도 한다. 황색 또는 분홍색의 반투명성 작은 구진으로 내용물이 없는 피부양성종양으로 한선 분비관의 변화에 의해 생긴다.

94. 물사마귀라고도 불리며 황색 또는 분홍색의 반투명성 구진 (2~3mm 크기)을 가지는 피부양성종양으로 땀샘관의 개출구 이상으로 피지분비가 막혀 생성돼는 것은?

① 한관종
② 혈관종
③ 섬유종
④ 지방종

95. 다음 피부의 구조 중 진피층으로 짝지어진 것은 무엇인가?

① 유두층, 기저층
② 유두층, 망상층
③ 망상층, 기저층
④ 기저층, 망상층

96. 피부의 피지막은 보통 상태에서 어떤 유화상태로 존재하는가?

① w/o 유화
② o/w 유화
③ w/s 유화
④ s/w 유화

97

각화과정은 28일정도의 주기로 반복적으로 이루어 지며 수분의 유실과 함께 기저층, 유극층, 과립층, 투명층, 각질층 순으로 피부 위쪽으로 올라와 피부 밖으로 떨어져 나가는 현상을 말한다.

97. 피부의 각화과정(Keratinization) 이란?

① 피부가 손톱, 발톱으로 딱딱하게 변하는 것을 말한다.
② 피부세포가 기저층에서 각질층까지 분열되어 올라가 죽은 각질세포로 되는 현상을 말한다.
③ 기저세포 중의 멜라닌 색소가 많아져서 피부가 검게 되는 것을 말한다.
④ 피부가 거칠어져서 주름이 생겨 늙는 것을 말한다.

98. 피부가 느끼는 오감 중에서 가장 감각이 둔감한 것은?

① 냉각(冷覺)
② 온각(溫覺)
③ 통각(痛覺)
④ 압각(壓覺)

99. 기미가 생기는 원인으로 가장 거리가 먼 것은?

① 정신적 불안
② 비타민 C 과다
③ 내분비 기능장애
④ 질이 좋지 않은 화장품의 사용

100. 다음 중 원발진으로만 짝지어진 것은?

① 농포, 수포
② 색소침착, 찰상
③ 티눈, 흉터
④ 동상, 궤양

101. 피부의 각질(케라틴)을 만들어 내는 세포는?

① 색소세포
② 기저세포
③ 각질형성세포
④ 섬유아세포

94. ① **95.** ② **96.** ① **97.** ② **98.** ② **99.** ② **100.** ① **101.** ③

102. 다음은 자외선에 대한 설명이다. 이 중 옳은 것은?

① 자외선 B는 살균작용이 있기 때문에 여드름 치료에 효과적이다.
② 자외선 A는 선번(Sunburn)을 일으켜서 기미의 직접적인 원인이 된다.
③ 자외선 C는 단파장으로 박테리아, 바이러스 등을 죽이는데 효과적이다.
④ 자외선 B는 진피 깊숙이 도달하여 콜라겐 섬유를 파괴하는 주원인이 된다.

103. 피부색소인 멜라닌을 주로 함유하고 있는 세포층은?

① 각질층
② 과립층
③ 기저층
④ 유극층

104

펠라그라병:거칠거칠한 피부라는 의미이며 니코틴산과 트립프토판 섭취가 부족하여 니코틴산 결핍증으로 피부가 홍갈색 발진이 생기며 겉이 두꺼워지며 색소 침착이 일어나는 병이다. 동물성 단백질을 별로 섭취하지 않고 옥수수를 주식으로 하는 지방에서 많이 발생하며 설사, 두통, 불면, 착란 등의 중추신경 증상도 나타난다. 열대나 아열대 지방에서 많이 발생한다.

104. 나이아신 부족과 아미노산 중 트립토판 결핍으로 생기는 질병으로써 옥수수를 주식으로 하는 지역에서 자주 발생하는 것은?

① 각기증
② 괴혈병
③ 구루병
④ 펠라그라병

105

보통 SPF 1이 15분가량 자외선을 차단한다. 실제로는 땀과 피지, 외부접촉 등으로 의도하지 않게 지워지는 경우가 많이 때문에 계산된 시간보다 짧은 시간동안 차단을 하는 것으로 알려져있다.
예) SPF 20= 15분X20=300분, 약 5시간동안 차단

105. 다음 중 SPF에 대한 설명으로 옳지 않은 것은?

① 자외선 차단지수를 의미한다.
② SPF 1은 약 1시간 동안 차단함을 의미한다.
③ 태양광선의 세기나 온도에 따라 차단제의 효과 정도가 변한다.
④ 과색소침착 부위는 가능하면 1년 내내 차단제를 발라주는 것이 좋다.

106. 다음 중 적외선에 관한 설명으로 옳지 않은 것은?

① 혈류의 증가를 촉진시킨다.
② 피부에 생성물을 흡수되도록 돕는 역할을 한다.
③ 노화를 촉진시킨다.
④ 피부에 열을 가하여 피부를 이완시키는 역할을 한다

107. 다음 중 근육통이 있을 때 도움이 되는 광선은 무엇인가?

① 적외선
② 가시광선
③ UVA
④ UVB

108. 다음 중 태양광선이 피부에 미치는 영향을 잘못 설명한 것은 무엇인가?

① 피부 조직이 늘어난다.
② 피부 표면이 거칠어진다.
③ 잔주름은 유발할 수 있지만, 거친 주름과는 별 상관이 없다.
④ 과색소 반점, 기미, 주근깨 등을 유발할 수 있다.

109. 대상포진(헤르페스)의 특징에 대한 설명으로 옳은 것은?

① 지각신경 분포를 따라 군집 수포성 발진이 생기며 통증이 동반된다.
② 바이러스를 갖고 있지 않다.
③ 전염되지 않는다.
④ 목과 눈꺼풀에 나타나는 전염성 비대 증식현상이다.

108

잔주름은 물론 거친 주름도 태양광선과 관계가 있다.

109

대상포진은 군집 수포성 발진이 생기면서 통증이 온다. 또한 단순포진 바이러스와 마찬가지로 한번 감염되면 평생동안 사람의 몸속에 존재하기도 한다.

102. ③ **103.** ③ **104.** ④ **105.** ② **106.** ③ **107.** ① **108.** ③ **109.** ①

110

원발진:반점, 구진, 팽진, 결절,
종양, 수포, 대수포, 농포, 면포

110. 다음 중 원발진에 속하는 것은?

① 수포, 반점, 인설
② 수포, 균열, 반점
③ 반점, 구진, 결절
④ 반점, 가피, 구진

111. 피부의 구조 중 콜라겐과 엘라스틴이 자리 잡고 있는 층은?

① 표피
② 진피
③ 피하조직
④ 기저층

112. 다음 중 세포 재생이 더 이상 되지 않으며 기름샘과 땀샘이 없는 것은?

① 흉터
② 티눈
③ 두드러기
④ 습진

113

피부에 계속적인 압박으로 생기는 각질층의 증식현상이다. 작은 범위의 각질이 증식되어 원뿔모양으로 피부에 박혀있는 것을 말한다. 흔히 내부에 핵을 포함하며 핵을 제거하지 않으면 지속적으로 재발한다.

113. 다음 중 각질이상에 의한 피부질환은?

① 주근깨(작반)
② 기미(간반)
③ 티눈
④ 리일 흑피증

114. 다음 중 전염성 피부질환인 두부 백선의 병원체는?

① 리케챠
② 바이러스
③ 사상균
④ 원생동물

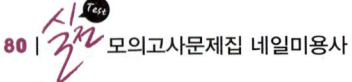

115. 다음 중 자외선 조사 시 피부의 반응이 아닌 것은 무엇인가?

① 주름을 생성한다.
② 멜라닌의 양이 많아진다.
③ 피부의 두께가 얇아진다.
④ 피부가 건조해지고 푸석해진다.

116. 다음 중 자외선이 피부에 미치는 영향이 아닌 것은?

① 색소침착
② 살균효과
③ 홍반형성
④ 비타민A 합성

117. 피부에 있어 색소세포가 가장 많이 존재하고 있는 곳은?

① 표피의 각질층
② 표피의 기저층
③ 진피의 유두층
④ 진피의 망상층

118. 우리피부의 세포가 기저층에서 생성되어 각질세포로 변화하여 피부표면으로부터 떨어져 나가는데 걸리는 기간은?

① 대략 60일
② 대략 28일
③ 대략 120일
④ 대략 280일

115

자외선 조사 시 피부의 두께는 두꺼워진다.

116

비타민D 합성을 유도해 칼슘 부족 증상을 예방할 수 있다.

110. ③ **111.** ② **112.** ① **113.** ③ **114.** ③ **115.** ③ **116.** ④ **117.** ② **118.** ②

119

대한선(=아포크린선):대한선에서 생성되는 땀은 원래 냄새가 심한 땀은 아니지만 박테리아의 작용으로 강한 냄새를 지닌 화학물질로 변하여 이를 체취라고 한다. 분비물은 땀과 달리 점성이 있으며 젖빛을 띠고 희뿌옇거나 노르스름한 액체이다.

122

한선에는 에크린선과 아포크린선으로 나뉜다. 분포는 다음과 같다.
에크린선:손바닥과 발바닥, 이마 등에 밀집되어 분포
아포크린선:겨드랑이와 생식기, 항문, 서혜부, 유두, 배꼽 주위에 분포

119. 사춘기 이후에 주로 분비가 되며, 모공을 통하여 분비되어 독특한 체취를 발생시키는 것은?

① 소한선
② 대한선
③ 피지선
④ 갑상선

120. 다음 중 피부미백제 성분 중의 하나로 티록신이 멜라닌으로 대사되는 과정에 참여하는 티로시나아제라는 효소의 작용을 억제하여 멜라닌 합성을 막아주는 성분은 무엇인가?

① 코지산
② 비타민A
③ 비타민D
④ 비타민E

121. 체내에 부족하면 괴혈병을 유발시키며, 피부와 잇몸에서 피가 나오게 하고 빈혈을 일으켜 피부를 창백하게 하는 것은?

① 비타민A
② 비타민B_2
③ 비타민C
④ 비타민K

122. 한선에 대한 설명 중 틀린 것은?

① 체온 조절기능이 있다.
② 진피와 피하지방 조직의 경계부위에 위치한다.
③ 입술을 포함한 전신에 존재한다.
④ 에크린선과 아포크린선이 있다.

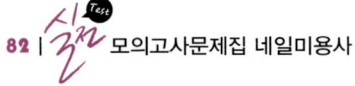

123. 피부의 색소와 관계가 가장 먼 것은?

① 에크린
② 멜라닌
③ 카로틴
④ 헤모글로빈

124. 다음 중 땀샘의 역할이 아닌 것은?

① 체온 조절
② 분비물 배출
③ 땀 분비
④ 피지 분비

125. 피부 각질형성세포의 일반적 각화 주기는?

① 약 1주
② 약 2주
③ 약 3주
④ 약 4주

126. 콜라겐과 엘라스틴이 주성분으로 이루어진 피부조직은?

① 표피상층
② 표피하층
③ 진피조직
④ 피하조직

123

에크린은 한선의 한 종류로서 땀을 분비하고, 체온조절, 피부 습도 유지, 보호막 형성의 역할을 한다.

124

피지의 분비는 혈액을 통한 호르몬에 의해 결정되며, 피지선에서 분비되어 모낭 내로 배설되고 털이나 모낭벽을 따라 피부 표면으로 분비된다.

127. 어부들에게 피부의 노화가 조기에 나타나는 가장 큰 원인은?

① 바다에 오존(O3)성분이 많아서
② 햇볕에 많이 노출되어서
③ 생선을 너무 많이 섭취하여서
④ 바다의 일에 과로하여서

128. 다음 중 멜라닌의 생성 요인이 아닌 것은?

① 부신의 기능이 약화되었을 때
② 적외선 램프를 과다하게 조사했을 때
③ 여성호르몬이 함유된 피임약을 먹었을 때
④ 무리하게 박피술을 했을 경우 자외선에 더욱 민감하게 반응하므로 멜라닌이 생성될 수 있다.

129. 피부의 천연보습인자(NMF)의 구성성분 중 가장 많은 분포를 나타내는 것은?

① 아미노산
② 요소
③ 피롤리돈 카르본산매뉴얼테크닉
④ 젖산염

130. 표피에서 촉감을 감지하는 세포는?

① 멜라닌(Melanin)세포
② 머켈(Merkel)세포
③ 각질형성(keratinization)세포
④ 랑게르한스(Langerhans)세포

131. 진피에 함유되어 있는 성분으로 우수한 보습능력을 지니어 피부 관리 제품에도 많이 함유되어 있는 것은?

① 알코올(Alcohol)
② 콜라겐(Collagen)
③ 판테롤(Panthenol)
④ 글리세린(Glycerine)

132. 다음 피부의 세포 중 면역을 담당하는 세포는 무엇인가?

① 머켈세포
② 멜라닌세포
③ 각질형성세포
④ 랑게르한스세포

132

① 머켈세포:표피의 촉각수용체로 촉감을 감지하여 뇌하수체에 전달한다.
② 멜라닌 세포:피부에 색을 부여하는 멜라닌 색소를 만들어 각질세포에 전달한다.
③ 각질형성 세포:케라틴을 형성하는 표피세포로 각화작용을 일으킨다.

133. 탄수화물에 대한 설명으로 옳지 않은 것은?

① 당질이라고도 하며 신체의 중요한 에너지원이다.
② 장에서 포도당, 과당 및 갈락토오스로 흡수된다.
③ 지나친 탄수화물의 섭취는 신체를 알칼리성 체질로 만든다.
④ 탄수화물의 소화흡수율은 99%에 가깝다.

134. 천연보습인자의 설명으로 틀린 것은?

① NMF(Natural Moisturizing Factor)
② 피부수분보유량을 조절한다.
③ 아미노산, 젖산, 요소 등으로 구성되고 있다.
④ 수소이온농도의 지수유지를 말한다.

134

천연보습인자는 각질층에 존재하는 수용성 보습인자이다.
수소이온농도는 pH(Power of Hydrogen Ions)이다.

127. ② **128.** ② **129.** ① **130.** ② **131.** ② **132.** ④ **133.** ③ **134.** ④

136. 다음 중 피부표면의 PH에 가장 큰 영향을 주는 것은?

① 각질 생성
② 침의 분비
③ 땀의 분비
④ 호르몬의 분비

137

비만세포는 지방을 합성하고 저장하는 세포로써, 결합조직에 속한다.

137. 다음 중 표피층에 존재하는 세포가 아닌 것은?

① 각질형성 세포
② 멜라닌 세포
③ 랑게르한스 세포
④ 비만세포

138

보통 여성의 얼굴이나 목 등 태양에 많이 노출되는 부위에서 볼수 있는 푸르스름한 회색의 색소침착을 릴 안면흑피증이라고 한다.

138. 다음 중 멜라닌세포의 결핍으로 여러 가지 형태의 백색반들이 나타나고 후천적으로 발생하는 피부색소 질환은?

① 백반증
② 지루성 각화증
③ 릴 안면흑피증
④ 베를로크 피부염

139. 원주형의 세포가 단층으로 이어져 있으며 각질형성세포와 색소형성세포가 존재하는 피부세포층은?

① 기저층
② 투명층
③ 각질층
④ 유극층

140. 다음 단면도에서 모발의 색상을 결정짓는 멜라닌 색소를 함유하고 있는 모피질(毛皮質: Cortex)은?

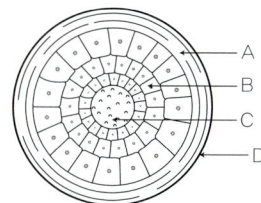

① A
② B
③ C
④ D

141. 피부에 존재하는 감각기관 중 가장 많이 분포하는 것은?

① 촉각점
② 온각점
③ 냉각점
④ 통각점

142. 다음 중 UV-A(장파장 자외선)의 파장범위는?

① 320~400nm
② 290~320nm
③ 200~290nm
④ 100~200nm

143. 천연보습인자(NMF)의 구성성분 중 40%를 차지하는 중요성분은?

① 요소
② 젖산염
③ 무기염
④ 아미노산

141

온각 〈 냉각 〈 촉각 〈 통각

143

아미노산은 단백질을 이루는 기본 단위의 고분자 물질로 영어로는 amino acid 라고 하며 천연보습인자의 40%이상을 차지하고 있다.

136. ③　137. ④　138. ③　139. ①　140. ②　141. ④　142. ①　143. ④

144.

지성피부의 특징
· 모공이 넓다.
· 표피가 두껍고 거칠다.
· 여드름 발생의 위험성이 크다.
· 유분이 많고, 화장이 잘 받지 않는다.
· 화장이 쉽게 지워지며 피지가 보인다.
· 피부결의 형태는 소구가 비교적 크고 깊으며 불규칙하다.
· 햇빛에 의한 피부색소 침착 현상이 빨라진다.

145

에크린선은 입과 손톱, 발톱, 외음부를 제외한 전신에 분포한다.

144. 다음 중 지성피부의 특징이 아닌 것은 무엇인가?

① 모공이 크다.
② 화장이 잘 지워진다.
③ 저항력이 약하여 여드름 발생 위험이 크다.
④ 피부결이 곱다.

145. 땀샘에 대한 설명으로 틀린 것은?

① 에크린선은 입술뿐만 아니라 전신 피부에 분포되어 있다.
② 에크린선에서 분비되는 땀은 냄새가 거의 없다.
③ 아포크린선에서 분비되는 땀은 분비량은 소량이나 나쁜 냄새의 요인이 된다.
④ 아포크린선에서 분비되는 땀 자체는 무취, 무색, 무균성이나 표피에 배출된 후, 세균의 작용을 받아 부패하여 냄새가 나는 것이다.

146. 피부의 면역에 관한 설명으로 맞는 것은?

① 세포성 면역에는 보체, 항체 등이 있다.
② T림프구는 항원전달세포에 해당한다.
③ B림프구는 면역글로불린이라고 불리는 항체를 생성한다.
④ 표피에 존재하는 각질형성세포는 면역조절에 작용하지 않는다.

147. 일반적으로 피부 표면의 pH는?

① 약 4.5 ~ 5.5
② 약 9.5 ~ 10.5
③ 약 2.5 ~ 3.5
④ 약 7.5 ~ 8.5

148. 다음 중 적외선램프의 사용이 좋은 사람은?

① 성형수술 직후인 사람
② 악성종양이 있는 사람
③ 일광화상을 입은 사람
④ 비만인 사람

149. 셀룰라이트(Cellulite)의 설명으로 옳은 것은?

① 수분이 정체되어 부종이 생긴 현상
② 영양섭취의 불균형 현상
③ 피하지방이 축적되어 뭉친 현상
④ 화학물질에 대한 저항력이 강한 현상

150. 사춘기 이후에 주로 분비가 되며, 모공을 통하여 분비되어 독특한 채취를 발생시키는 것은?

① 소한선
② 대한선
③ 피지선
④ 갑상선

151. 산소 라디칼 방어에서 가장 중심적인 역할을 하는 효소는?

① FDA
② SOD
③ AHA
④ NMF

150

아포크린선(대한선)은 한선의 한 종류이다. 모공과 입구를 같이 하고 액취증을 유발한다.

151

산소 라디칼은 유해산소를 억제하기 위해 SOD라는 효소를 생성하여 노화를 예방한다. FDA는 식품의약청, AHA는 과일산을 총칭하는 단어, NMF는 천연보습인자를 말하는 것이다.

144. ④ **145.** ① **146.** ③ **147.** ① **148.** ④ **149.** ③ **150.** ② **151.** ②

152. 인체에 있어 피지선이 전혀 없는 곳은?

① 이마
② 코
③ 귀
④ 손바닥

153. 다음 중 단백질의 최종 분해 산물은 무엇인가?

① 포도당
② 아미노산
③ 글리세린
④ 글리코겐

154

수분 저지막은 과립층에 위치
하고 있다.

154. 다음 중 수분저지막(Barrier Zone)이 위치하는 층은?

① 유극층
② 기저층
③ 각질층
④ 과립층

155

① 진피의 대부분을 차지하며,
유두층 아래에 위치한 결합
조직이다.
② 탄력섬유와 교원섬유가 매
우 치밀하게 구성되어 있다.
③ 자기 길이의 1.5배까지 늘어
나는 탄력섬유(엘라스틴)가
피부에서 탄력을 관장한다.

155. 망상층의 특징을 옳게 설명한 것은?

① 유두층 위에 위치하고 불규칙한 그물모양의 결합조직으로 진피
의 50%를 차지한다.
② 일정한 방향을 가진 교원섬유와 탄력섬유가 매우 엉성하게 구
성되어 있으며 두 섬유질사이에 점다당질의 기질이 젤 상태로
분포되어 있다.
③ 교원섬유는 자기 길이의 1.5배까지 늘어나며 수분보유력이 뛰
어나다.
④ 랑거선에 따라 피부를 절개하면 수술시 상처의 흔적을 최소화
할 수 있다.

156. 표피의 기저층은 몇 층으로 구성되어 있나?

① 단층
② 2층
③ 3층
④ 4층

157. 다음 중 에크린선에 대한 설명으로 옳은 것은?

① 입술과 음부를 제외한 전신에 분포되어 있다.
② 모낭의 윗부분과 연결되며 모공에 개구된다.
③ 사춘기부터 분비가 시작되어 갱년기 이후 기능이 퇴화된다.
④ 출생 시 전신의 피부에 형성되었다가 생후 5개월경에는 퇴화된다.

158. 모발의 성장주기에 대한 설명으로 맞는 것은?

① 퇴화기는 전체 모발의 10% 정도를 차지하고 있으며, 수명은 1~1.5개월 정도이다.
② 성장기는 모발의 60%를 차지하고 있으며, 남·녀 간의 차이가 없다.
③ 모주기란 모발의 성장주기로 성장기, 정체기, 퇴화기 의 3단계로 나눌 수 있다
④ 퇴화기는 모모세포가 분열을 멈추어 성장이 멈추는 시기로, 모유두와 모구가 분리되어 모근은 위로 밀려 올라가게 된다.

159. 다음 중 갑상선과 부신의 기능을 향상시켜 피부를 아름답게 해주는 무기질은 무엇인가?

① 칼륨
② 유황
③ 아연
④ 요오드

157

②, ④는 아포크린(대한선)의 설명이다.
③ 피지선에 관한 설명이다.

158

① 퇴화기는 전체모발의 1%차 지한다.
② 성장기는 80~90이상을 차 지한다.
③ 모주기는 성장기 – 퇴화기 – 휴지기의 3단계로 되어있다.

152. ④ **153.** ② **154.** ④ **155.** ④ **156.** ① **157.** ① **158.** ④ **159.** ④

160

① 냉온이 반복된 세안은 큰 온도차에 의해 피부자극이 유발된다.
③ 진정팩은 너무 자주 사용하면 자극이 될 수 있다.
④ 각질이 얇은 예민피부의 잦은 각질제거는 옳지 않다.

161

탄수화물은 1g당 4kcal의 열량을 내며, 질소가 아닌 탄소 · 수소 · 산소로 구성된다.

163

비타민K : 뼈의 형성, 혈액응고에 관여하고 간 기능을 돕는다.
비타민A : 시각과 관련된 작용을 하고, 세포분화 (상피세포의 유지)항산화 및 항암작용 등의 기능이 있다.
비타민D : 혈중 칼슘 농도를 조절하며 세포의 증식과 분화 조절, 구루병, 충치, 골절을 예방한다.

160. 예민피부의 관리법으로 옳은 것은?

① 세안 후 마무리에 냉온세안을 반복한다.
② 알로에와 카렌듈라가 들어간 성분을 이용한다.
③ 수시로 진정관리 팩을 한다.
④ 주2회 정도 각질제거를 한다.

161. 탄수화물에 대한 설명이 적절한 것은?

① 우리가 섭취하는 탄수화물은 1g당 9kcal의 열량이 발생한다.
② 탄수화물은 곡류 및 감자류의 주성분이고 값싸게 얻을 수 있다.
③ 탄수화물은 탄소, 질소, 산소 구성되어 있다.
④ 탄수화물은 다량 섭취하여도 열량원으로 사용되고, 나머지는 탄수화물 성분으로 체내에 저장된다.

162. 다음 설명으로 알맞은 것은?

▼

피부의 가장 바깥쪽에 위치한 무핵의 세포층으로서 각종 이물질의 침입으로부터 피부를 보호한다. 10~20층으로 구성되어 있으며, 손바닥과 발바닥은 두껍고 얼굴은 매우 얇다.

① 각질층
② 유두층
③ 망상층
④ 투명층

163. 항산화기능, 유신과 불임증, 갱년기 장애를 예방하고 콩류 푸른잎 채소에 많이 함유되어 있는 것은?

① 비타민K
② 비타민E
③ 비타민A
④ 비타민D

164. 기저층의 수분함량은?

① 약 50%
② 약 60%
③ 약 70%
④ 약 80%

165. 자외선에 대한 설명 중 옳은 것은?

① 우리나라에서는 4~8월에 강하며 특히 6월이 가장 강하다.
② 파장의 길이에 따라 장파장(UVC), 중파장(UVB), 단파장(UVA)로 구별된다.
③ 파장의 길이가 800~1,000nm의 장파장이며, 피부반응을 유발하는 중요한 광선이다.
④ 열을 내주기 때문에 열선이라고도 한다.

166. 다음 중 멜라닌세포의 수는 정상이나 멜라닌이 생성되지 않는 피부증상은?

① 백반증
② 지루성 각화증
③ 백피증
④ 오타씨모반

167. 다음 중 3대 영양소는 무엇인가?

① 탄수화물, 지방, 무기질
② 탄수화물, 지방, 단백질
③ 지방, 단백질, 비타민
④ 탄수화물, 무기질, 비타민

164

기저층의 수분량은 약 70%이다.

165

4~8월에 강한 우리나라 자외선은 6월이 특히 강하다.

167

우리 몸에 필요한 주요 3대 영양소는 단백질, 지방, 탄수화물로 신진대사를 활발하게 하여 몸에 필요한 에너지를 만드는 역할을 담당하고 있다.

160. ② **161.** ② **162.** ① **163.** ② **164.** ③ **165.** ① **166.** ③ **167.** ②

168

선천면역, 비특이성 면역, 수동 면역은 자연면역에 속한다.

169

① T림프구는 세포 대 세포의 접촉을 통하여 직접적으로 항원을 공격한다. 세포성 면역이라고도 한다.
③ 각질형성 세포는 면역 조절 작용 및 다양한 생물학적 반응 조절물질을 생성 및 분비한다.
④ B세포는 체액성 면역이다.

171

①은 오류설. ②는 신경피로설. ④는 독소설의 이론이다.

---

168. 다음 중 획득 면역은?

① 특이성면역
② 선천면역
③ 비특이성 면역
④ 수동 면역

169. 다음 중 피부의 면역에 관한 설명으로 맞는 것은?

① T림프구는 항원전달세포에 해당한다.
② B림프구는 면역글로불린이라고 불리는 항체를 생성한다.
③ 표피에 존재하는 각질형성세포는 면역조절에 작용하지 않는다.
④ 세포성면역에는 B세포가 있다.

170. 다음 중 지용성 비타민과 각 기능으로의 연결이 잘못된 것은?

① 비타민A:상피보호 비타민이다.
② 비타민E:항산화성 비타민이다.
③ 비타민K:출혈 시 혈액응고를 촉진하는 작용을 한다.
④ 비타민D:체내의 산화, 환원작용에 중점적 역할을 한다.

171. 다음 중 노화 이론설과 연결이 옳게 된 것은?

① 텔로미어 단축설:DNA전달과정 중 오류가 발생하게 되고 이것이 축적되어 DNA손상을 가져오고 이해 노화가 발생한다는 이론
② 오류파국설:신경세포의 피로가 오면 중추신경의 기능이 저하되고 노화가 가속된다는 이론.
③ DNA 프로그램설:노화와 죽음은 태어날 때부터 정해진 DNA 유전자에 의해 결정된다는 이론
④ 프리래디칼설:신진대사 과정 중에서 발생된 독소 및 노폐물이 축적되어 노화가 나타난다는 이론

172. 다음 중 털과 관계없이 피지선이 존재하는 것으로 입과 입술, 구강점막, 눈과 눈꺼풀 등에 존재하는 것은 무엇인가?

① 진피
② 소한선
③ 독립피지선
④ 대한선

173. 다음 중 외인성노화로 인해 나타나는 증상이 아닌 것은?

① 기미, 색소 등의 색소침착
② 혈관확장, 콜라겐의 변성
③ 굵고 깊은 주름
④ 탄력증가

174. 다음 중 비타민 D가 결핍되었을 때의 증상은?

① 구루병
② 야맹증
③ 악성빈혈
④ 구각구순염

175. 화상의 구분 중 홍반, 부종, 통증뿐만 아니라 수포를 형성하는 것은?

① 제1도화상
② 제2도화상
③ 제3도화상
④ 중급화상

173

외인성노화로 인해 탄력은 현저히 떨어진다.

175

1도 화상은 홍반, 부종, 통증을 수반하고 3도 화상은 진피까지 손상되는 단계이다.

168. ① **169.** ② **170.** ④ **171.** ③ **172.** ③ **173.** ④ **174.** ① **175.** ②

176

각질형성세포(케라티노싸이트)
와 색소형성세포(멜라노싸이
트)가 있는 층은 표피층 중 가
장 아래에 있는 기저층이다.

177

무좀(백선)은 곰팡이균(진균)에
의한 피부질환이다.

178

동양인은 직모, 서양인은 축모,
흑인은 나선모이다.

176. 원주형의 세포가 단층으로 이어져 있으며 각질형성세포와
색소형성 세포가 존재하는 피부세포층은?

① 기저층
② 투명층
③ 각질층
④ 유극층

177. 다음 내용과 가장 관계있는 것은?

- 곰팡이균에 의하여 발생한다.
- 피부껍질이 벗겨진다.
- 가려움증이 동반된다.
- 주로 손과 발에서 번식한다.

① 농가진
② 무좀
③ 홍반
④ 사마귀

178. 다음 중 모발에 관한 사항으로 틀린 것은?

① 모발의 주성분은 케라틴이라고 하는 경단백질이다.
② 모발의 기능은 보호기능, 장식기능, 지각지능이 있다.
③ 털의 모양은 동양인은 직모, 흑인은 파상모, 백인은 구상모로
나뉜다.
④ 모간은 모표피, 피질, 수질로 나뉘며 피부 표면 밖으로 나와 있
는 부분이다.

179. 접촉성 피부염의 주된 알러지원이 아닌 것은?

① 니켈
② 금
③ 수은
④ 크롬

180. 에크린 한선에 대한 설명으로 틀린 것은?

① 실밥을 둥글게 한 것 같은 모양으로 진피 내에 존재한다.
② 사춘기 이후에 주로 발달한다.
③ 특수한 부위를 제외한 거의 전신에 분포한다.
④ 손바닥, 발바닥, 이마에 가장 많이 분포한다.

180

에크린선은 태아 5개월 때부터 생겨난다.

181. 다음 중 필수지방산이 아닌 것은 무엇인가?

① Oleic acid
② Linoleic acid
③ Lionlenic acid
④ Arachidonic acid

182. 성장촉진, 생리대사의 보조역할, 신경안정과 면역 기능강화 등의 역할 을 하는 영양소는?

① 단백질
② 비타민
③ 무기질
④ 지방

176. ① **177.** ② **178.** ③ **179.** ② **180.** ② **181.** ① **182.** ②

 공중위생관리학 적/중/예/상/문/제

맞/춤/해/설

01

원슬로의 공중보건학:질병예방, 수명연장, 육체적·정신적 효율의 증진

02

질병발생의 3요소:병인(병원체), 숙주, 환경

03

숙주의 감수성이 높아야 한다.

01. 다음 중 원슬로의 공중보건학의 정의에서 공중보건의 3대요소와 거리가 먼 것은?

① 질병치료
② 수명연장
③ 질병예방
④ 신체적·정신적 효율증진

02. 다음 중 질병발생의 3대 요인으로 짝지어진 것은?

① 병인(병원체)요인
② 숙주요인
③ 체질적요인
④ 환경요인

03. 다음 중 감염병 생성과정의 6개 요소에 대한 설명으로 바르지 않은 것은?

① 병원체가 있어야 한다.
② 병원체의 전파가 있어야 한다.
③ 숙주에 병원체의 침입이 있어야 한다.
④ 숙주의 감수성이 낮아야 한다.

04. 다음 중 비병원성 미생물은?

① 콜레라균
② 이질균
③ 티푸스균
④ 젖산균

05. 분변이나 구토물에 의해서 병원체가 체외로 배설되는 질병이 아닌 것은?

① 폴리오
② 콜레라
③ 백일해
④ 장티푸스

06. 감염병 예방법 중 제2군 감염병이 아닌 것은?

① 풍진
② 홍역
③ 인플루엔자
④ 일본뇌염

07. 다음 중 농촌지역에서 볼 수 있는 인구 구성 형태는?

① 표주박형
② 별형
③ 종형
④ 피라미드형

08. 다음 중 실내공기 오염의 지표가 되는 것은?

① 산소(O_2)
② 이산화탄소(CO_2)
③ 아황산가스(SO_2)
④ 질소(N_2)

05

백일해는 호흡기 계통으로 탈출하는 병원체이다.

06

홍역 · 풍진 · 일본뇌염 등은 제2군 감염병. 인플루엔자는 제3군 감염병이다.

07

표주박형은 농촌지역에서 생산 연령이 유출되는 형태이다.

08

CO_2:실내공기오염의 지표, SO_2:대기오염의 지표

01. ① **02.** ③ **03.** ④ **04.** ④ **05.** ③ **06.** ③ **07.** ① **08.** ②

09. 다음 중 파리가 옮기는 병이 아닌 것은?

① 파라티푸스
② 장티푸스
③ 콜레라
④ 파상풍

10. 다음 중 기후의 조건과 관계없는 것은?

① 기온
② 기압
③ 기습
④ 기류

11. 다음 중 수은중독에 의해서 발생되는 질병은?

① 이따이이따이병
② 미나마타병
③ 소아마비
④ 구루병

12. 진개매립시 복토는 최소 어느 정도로 덮어야 하는가?

① 2m
② 60cm−1m
③ 3m
④ 5m

13. 소아들에게 많이 감염될 수 있고, 집단감염이 잘 되는 기생충은?

① 구충
② 요충
③ 편충
④ 말레이사상충

14. 자연 식중독의 원인인 버섯의 유독성분은?

① 솔라니
② 테트로도톡신
③ 무스카린
④ 에르고톡신

14

독버섯은 무스카린이라는 유독
성분이 있으며 특징은 색이 아
름답고 선명하다.

15. 다음 중 살모넬라균의 예방대책이 아닌 것은?

① 식품의가열처리
② 화농된 사람의 식품취급
③ 도축장의위생검사철저
④ 파리 및 서족 금지

15

② 는 포도상구균의 예방대책이다.

16. 다음 중 비타민과 결핍증의 연결이 옳은 것은?

① VitA − 야맹증
② Vit B₁ − 구루병
③ VitD − 각기병
④ Vit B₂ − 괴혈병

16

VitA : 야맹증
VitB₁ : 각기병
VitB₂ : 설염 · 구순구각염
VitC : 괴혈병
VitD : 구루병

17. 소독의 정의로 옳은 것은?

① 모든 미생물들을 죽인 것
② 감염을 일으킬 수 있는 병원 미생물을 파괴하여 감염력을 없애는 것
③ 모든 미생물 (병원성, 비병원성, 포자 등)을 완전하게 제거하여 멸균시키는 것
④ 미생물의 발육과 성장을 억제 또는 정지 시켜 부패나 발효를 억제하는 것

17

① 살균
③ 멸균
④ 방부

09. ④   10. ②   11. ②   12. ②   13. ②   14. ③   15. ②   16. ①   17. ②

18

①, ②, ④, 모두 병원성 미생물이다.

19

모든 미생물 중에서 바이러스가 가장 작아 세균여과기로도 분리가 불가능하다.

20

저온균의 최적온도 15~20℃
중온균의 최적온도 28~45℃
고온균의 최적온도 50~80℃

21

미생물의 증식에는 적당한 수소이온농도 pH 6.5~7.5 에서 증식이 가장 잘된다.
대부분의 미생물은 pH 5.0 이하의 산성과 pH 8.5 이상의 알칼리성에서 미생물은 사멸된다.

22

습열법에 해당하는 종류로는 자비소독법, 고압증기멸균법, 간헐멸균법, 유통증기소독법, 저온소독법등이다. 건열멸균법은 건열법이다.

18. 비병원성 미생물은?

① 세균
② 리케챠
③ 유산균
④ 바이러스

19. 병원성 미생물 중 세균여과기로도 분리할 수 없는 미생물은?

① 리케차
② 바이러스
③ 박테리아
④ 원생동물

20. 미생물의 증식온도에서 중온균의 최적 온도는?

① 15~20℃
② 28~45℃
③ 50~80℃
④ 0~15℃

21. 미생물이 가장 잘 증식이 가능한 수소이온농도는?

① 강알카리
② 강산성
③ 산성
④ 중성

22. 물리적 소독법 중 습열법에 해당되지 않는 것은?

① 고압증기멸균법
② 건열멸균법
③ 유통증기소독법
④ 저온소독법

23. 다음 중 화학적 소독법이 아닌 것은?

① 크레졸소독
② 석탄산소독
③ 승홍소독
④ 고압증기멸균소독

24. 다음 중 파리가 매개하는 질병이 아닌 것은 무엇인가?

① 기생충병
② 장티푸스
③ 아메바성 이질
④ 유행성 이하선염

25. 석탄산의 소독액에 대한 설명으로 틀린 것은?

① 세균포자나 바이러스에 대해서는 작용력이 거의 없다.
② 금속기구의 소독에는 적합하지 않다.
③ 기구류의 소독에는 1~3% 수용액이 적당하다.
④ 소독액의 온도가 낮을수록 효력이 높다.

26. 승홍수로 피부소독 시 몇 배로 희석하여 사용하나?

① 100배
② 500배
③ 800배
④ 1000배

23

물리적 소독 방법으로 압력을 이용한 증기 멸균기로 아포를 포함한 모든 미생물을 멸균시키는 가장 효과적인 방법이다. 온도 및 적용 시간은 100~135℃에서 20분간 고온의 수증기를 쐬는 방법이다.

24

유행성 이하선염은 비밀감염으로 인한 질병이다.

25

일반적인 소독은 3~5%농도로, 손소독시엔 2% 농도로 사용이 된다.
기구소독은 1~3%의 농도로 사용. 식염을 첨가하면 소독력이 증가한다.
고온일수록 소독력도 증가된다.
단점은 금속을 부식시키고, 피부 점막에 자극을 준다.
포자나 바이러스엔 효과가 약하다.
장점은 살균력의 안정성이 강하다. 가격이 저렴하고 사용범위가 넓다.

26

피부소독 시에는 0.1%(1/1000) 용액을 이용하여 소독한다.
독성이 아주 강하여 점막을 자극한다. 금속을 부식시킨다.
온도가 높을수록 살균력이 강하다.

18. ③ **19.** ② **20.** ② **21.** ④ **22.** ② **23.** ④ **24.** ④ **25.** ④ **26.** ④

27

3ml/100mlx100=3% 용액/용
질*100=%(농도)

28

자외선 중 UV C 광선을 이용
한 가장 강력한 살균력을 지닌
방법

30

과징금 통지를 받은 자는 통지
를 받은 날부터 20일 이내에
과징금을 시장·군수·구청장
이 정하는 수납기관에 납부하
여야 한다.

---

27. 소독약 원액 3ml에 증류수97ml를 혼합하여 100ml의 소독약
을 만들었을 때의 이 소독약의 농도는 몇%인가?

① 2%

② 3%

③ 6%

④ 97%

28. 일광소독에서 살균작용 및 관리실에서 사용하는 소독기에 사
용되는 광선은 어느 것인가?

① 가시광선

② 적외선

③ 자외선

④ X 선

29. 일반기구 소독용으로 석탄산의 조제방법은?

① 석탄산35%+물65%

② 석탄산3%+물97%

③ 석탄산10%+물90%

④ 석탄산15%+물85%

30. 과징금에 대한 설명으로 틀린 것은?

① 과징금을 부과하는 위반행위의 종별·정도 등에 따른 과징금의
금액 등에 관하여 필요한 사항은 대통령령으로 정한다.

② 영업정지가 이용자에게 심한불편을 주거나 그 밖에 공익을 해할
우려가 있는 경우에는 영업정지 처분에 감음하여 3천만원 이하
의 과징금을 부과할 수 있다.

③ 과징금의 금액은 위반행위의 종별·정도 등을 감안하여 보건복
지부령이 정하는 영업정지기간에 과징금 산정기준을 적용하여
산정한다.

④ 과징금 통지를 받은 자는 통지를 받은 날부터 15일 이내에 과징
금을 시장·군수·구청장이 정하는 수납기관에 납부하여야 한다.

31. 미용사는 누구에게 면허를 받는가?

    ① 보건복지부장관
    ② 지방경찰청장
    ③ 대통령
    ④ 시장 · 군수 · 구청장

31

미용사면허권자: 시장 · 군수 · 구청장

32. 다음은 위생서비스 수준의 평가에 대한 설명이다. 이 중 옳지 않은 것은 무엇인가?

    ① 평가주기는 1년마다 실시하되 필요한 경우에는 공중위생 영업의 종류 또는 제21조의 규정에 의한 위생관리등급별로 평가주기를 달리할 수 있다.
    ② 평가계획에 따라 관할지역별 세부평가계획을 수립한 후 공중위생영업소의 위생 서비스수준을 평가하여야 한다.
    ③ 위생서비스평가의 주기 · 방법, 위생관리등급의 기준 기타 평가에 관하여 필요한 사항은 보건복지부령으로 정한다.
    ④ 공중위생영업소의 위생관리수준을 향상시키기 위하여 위생서비스 평가계획을 수립하여 시장 · 군수 · 구청장에게 통보하여야 한다.

32

평가주기는 2년마다 실시하되, 공중위생영업소의 보건 · 위생관리를 위하여 특히 필요한 경우에는 보건복지부 장관이 정하여 고시하는 바에 의하여 공중위생 영업의 제 21조의 규정에 의한 위생관리등급별로 평가주기를 달리할 수 있다.

33. 공중위생관리법의 목적과 관계없는 것은?

    ① 국민건강증진
    ② 위생수준향상
    ③ 영리추구
    ④ 공중이이용하는영업과시설의위생관리등에관한사항규정

33

"공중위생관리법"은 공중이 이용하는 영업과 시설의 위생관리 등에 관한 사항을 규정함으로써 위생수준을 향상시켜 국민의 건강증진에 기여함을 목적으로 한다.

34. 과징금을 가중하는 경우 그 총액은 얼마를 초과할 수 없는가?

    ① 1000만원
    ② 3000만원
    ③ 5000원
    ④ 6000만원

34

시장 · 군수 · 구청장이 과징금을 가중하는 때에도 과징금의 총액이 3000만원을 초과할 수 없다.(시행령 제7조의2제2항)

27. ②   **28.** ③   **29.** ②   **30.** ④   **31.** ④   **32.** ①   **33.** ③   **34.** ②

35

공중위생감시원의 자격, 임명, 업무범위 기타 필요한 사항을 정하고 있는 법령은 대통령령으로 정한다.

36

영업소 이 외의 장소에서 미용을 할 수 있는 대상은 질병 기타의 사유로 인하여 영업소에 나올 수 없는 자, 혼례 기타의식에 참여하는 자에 대하여 그의 식 직전에 이용 또는 미용을 하는 경우, 특별한 사정이 있다고 하여 보건복지부령이 정하는 경우이다.

37

면허증을 다른 사람에게 대여한 경우 1차 위반(면허정지3월), 2차 위반(면허정지6월), 3차 위반(면허취소)가 된다.

38

미용업"이라 함은 손님의 얼굴·머리·피부 등을 손질하여 손님의 외모를 아름답게 꾸미는 영업을 말한다.

35. 공중위생감시원의 자격, 임명, 업무범위 기타 필요한 사항을 정하고 있는 법령은?

① 대통령령
② 보건복지부령
③ 국무총리령
④ 행정자치부령

36. 다음 중 영업소 이 외의 장소에서 미용을 할 수 있는 대상이 아닌 것은?

① 거동이 불편한 자
② 혼례직전의 신랑신부
③ 고혈압자
④ 특별한 사정이 있다고 하여 보건복지부령이 정하는 경우

37. 다음 중 면허증을 다른 사람에게 대여한 경우에 대한 행정처분은?

① 면허취소 또는 6월 이내의 면허정지
② 면허취소 또는 3월 이내의 업무정지
③ 영업정지3월
④ 면허증압수

38. 손님의 얼굴, 머리, 피부 등을 손질하여 손님의 외모를 아름답게 꾸미는 영업에 해당하는 것은?

① 미용업
② 이용업
③ 숙박업
④ 목욕탕업

39. 청문을 실시해야 될 사항과 거리가 먼 것은?

① 면허 취소
② 영업소 폐쇄명령
③ 일부 시설의 사용중지
④ 개선명령

40. 미용업소의 위생관리 의무를 지키지 아니한 자의 벌칙은?

① 100만원 이하의 과태료
② 200만원 이하의 과태료
③ 300만원 이하의 벌금
④ 500만원 이하의 벌금

41. 시설 및 설비기준을 위반할 때 행정처분 기준으로 틀린 것은 무엇인가?

① 1차위반 시-개선명령
② 2차위반 시-영업정지 15일
③ 3차위반 시-영업정지 3월
④ 4차위반 시-영업장 폐쇄 명령

42. 이·미용업소에 반드시 게시하지 않아도 되는 것은?

① 보건증
② 신고필증
③ 면허증원본
④ 요금표

39

청문을 실시하는 경우는 다음과 같다.
· 이용사 및 미용사의 면허취소
· 면허정지
· 공중위생영업의 정지
· 일부시설의 사용중지
· 영업소 폐쇄명령 등의 처분

40

200만원 이하의 과태료를 부과하는 경우는 다음과 같다.
· 미용업소의 위생관리의무를 지키지 아니한 자
· 영업소 외의 장소에서 이용 또는 미용업무를 행한 자
· 위생교육을 받지 아니한 자

41

1차위반 시 : 개선명령
2차위반 시 : 영업정지 15일
3차위반 시 : 영업정지 1월
4차위반 시 : 영업장 폐쇄명령

42

이·미용업소는 업소 내에 미용업신고증, 개설자의 면허증 원본 및 미용 요금표를 게시하여야 한다.

35. ① 36. ③ 37. ② 38. ① 39. ④ 40. ② 41. ③ 42. ①

43

위생지도 개선명령 시 명시사항
· 위생관리기준
· 발생된 오염물질의 종류
· 오염허용기준을 초과한 정도
· 개선기간

44

과태료
· 300만원의 벌금 : 면허정지 기간 중에 업무를 행한 자
· 300만원 이하의 과태료 : 규정을 위반하여 폐업신고를 하지 아니한 자 보고를 하지 아니하거나 관계공무원의 출입·검사 기타조치를 거부·방해 또는 기피한 자 개선명령에 위반한 자
· 200만원 이하의 과태료 : 미용업소의 위생관리의무를 지키지 아니한 자 영업소 외의 장소에서 이용 또는 미용업무를 행한 자 위생교육을 받지 아니한 자

45

· 이용사 또는 미용사 면허를 신규로 신청하는 경우: 5천500원
· 이용사 또는 미용사 면허증을 재교부 받고자 하는 경우: 3천원

46

오염물질의 종류
· 미세먼지(PM-10)
· 일산화탄소(CO)
· 이산화탄소(CO_2)
· 포름알데히드(HCHO)

오염허용기준
· 24시간 평균치 150$\mu g/m^3$이하
· 1시간 평균치 25ppm 이하
· 1시간 평균치 1,000ppm 이하
· 1시간 평균치 1200$\mu g/m^3$이하

43. 다음 중 위생지도 개선명령 시 명시사항이 아닌 것은?

① 개선기간
② 영업장의 소재지
③ 위생관리기준
④ 발생된 오염물질의 종류

44. 다음 중 과태료 부과 대상과 관련이 없는 것은?

① 관계공무원의 출입, 검사, 기타조치를 거부, 방해, 기피한 자
② 영업소 외의 장소에서 미용 또는 미용업무를 행한 자
③ 위생관리 의무를 지키지 아니한 자
④ 면허 정지 기간 중에 업무를 행한 자

45. 미용사 면허를 재교부 받는 경우 수수료는 얼마인가?

① 3,000원
② 4,000원
③ 5,000원
④ 5,500원

46. 공중이용시설 안에서 발생되지 않아야 할 오염물질 중 포름알데히드의 허용기준치로 올바른 것은?

① 24시간평균치15ug/m3이하
② 24시간평균치120ug/m2이하
③ 1시간평균치150ug/cm3이하
④ 1시간평균치120ug/cm3이하

47. 다음 중 위생관리 등급의 구분으로 맞는 것은?

① 일반관리업소 : 백색등급
② 우수업소 : 녹색등급
③ 최우수업소 : 적색등급
④ 일반관리업소 : 황색등급

47

위생관리등급의 구분
· 최우수업소 : 녹색등급
· 우수업소 : 황색등급
· 일반관리대상 업소 : 백색등급

48. 현행법상 피부미용업무가 속한 미용업에 관한사항을 규정하고 있는 법률은?

① 의료법
② 공중위생관리법
③ 사회복지법
④ 노동법

48

공중위생업으로는 숙박업 · 목욕장업 · 이용업 · 미용업 · 세탁업 · 위생관리용역업이 속하고 공중위생관리법은 공중이 이용하는 영업과 시설의 위생관리 등에 관한 사항을 규정함으로써 위생수준을 향상시켜 국민의 건강증진에 기여함을 목적으로 한다.

49. 다음 중 공중위생감시원을 둘 수 없는 곳은?

① 특별시
② 읍 · 면 · 동
③ 시 · 군구
④ 광역시

49

관계공무원의 업무를 행하게 하기 위하여 특별시 · 광역시 · 도 및 시 · 군 · 구(자치구에 한한다)에 공중위생감시원을 둔다.

50. 공중위생영업자에 대한 행정제재처분의 효과가 승계 되는 기간은?

① 3월
② 6월
③ 12월
④ 24개월

50

공중위생영업자가 그 영업을 양도하거나 사망한 때 또는 법인의 합병이 있는 때에는 종전의 영업자에 대하여 행한 행정제재처분의 효과는 그 처분기간이 만료된 날부터 1년간 양수인 · 상속인 또는 합병 후 존속하는 법인에 승계 된다.

43. ② **44.** ④ **45.** ① **46.** ④ **47.** ① **48.** ② **49.** ② **50.** ③

51

검출방법이 용이하고 정확하기 때문에 대장균은 사수의 수질 오염지표로 이용된다.

52

아황산가스가 자극성 취기가 없고 자극성도 없다.

53

영아사망률은 일반사망률에 비해 통계적 유의성이 크기 때문에 가장 대표적인 보건수준 평가의 기초자료가 된다.

54

일반적으로는 최상의 효과를 위해서 바로 만들어 사용하지만, 소독약품의 종류에 따라 다소 차이가 있다.

51. 상수의 수질오염 분석 시 대표적인 생물학적 지표로 이용되는 것은?

① 대장균
② 살모넬라균
③ 장티푸스균
④ 포도상구균

52. 공기의 성분에 대한 다음 설명 중 틀린 것은?

① 공기 중의 산소량이 10%가 되면 호흡곤란이 온다.
② 공기 중의 일산화탄소량이 0.05~0.1%만 존재해도 중독을 일으킨다.
③ 아황산가스는 대기오염도의 지표로 사용한다.
④ 일산화탄소는 자극성 취기가 없고 자극성도 없다.

53. 다음 중 가장 대표적인 보건 수준 평가기준으로 사용되는 것은?

① 성인사망률
② 영아사망률
③ 노인사망률
④ 사인별사망률

54. 소독약의 사용 및 보존상의 주의 점으로서 틀린 것은?

① 일반적으로 소독약은 밀폐시켜 일광이 직사되지 않는 곳에 보존해야 한다.
② 모든 소독약은 사용할 때 마다 반드시 새로이 만들어 사용하여야 한다.
③ 승홍이나 석탄산 같은 것은 인체에 유해하므로 특별히 주의 취급하여야 한다.
④ 염소제는 일광과 열에 의해 분해되지 않도록 냉암소에 보존하는 것이 좋다.

55. 소독장비 사용 시 주의해야 할 사항 중 옳은 것은?

① 건열 멸균기- 멸균된 물건을 소독기에서 꺼낸 즉시 냉각시켜야 살균효과가 크다.

② 자비 소독기-금속성 기구들은 물이 끓기 전부터 넣고 끓인다.

③ 간헐 멸균기-가열과 가열 사이에 20c이상의 온도를 유지한다.

④ 자외선 소독기- 날이 예리한 기구 소독 시 타올 등으로 싸서 넣는다.

55

건열 멸균기 : 멸균된 물건을 꺼낸 수 건조시켜야 살균효과 가 크다.
자비소독기 : 물이 끓을 때 넣고 끓여야 살균효가가 있다.
자외선 소독기 : 직접 자외선을 쐬어주어야 한다.

56. 고압증기 멸균법에 있어 20IBS,126.5C의 상태에서 몇 분간 처리하는 것이 가장 좋은가?

① 5분

② 15분

③ 30분

④ 60분

57. 이·미용업소에서 수건 소독에 가장 많이 사용되는 물리적 소독법은?

① 석탄산 소독

② 알코올 소독

③ 자비소독

④ 과산화수소소독

57

자비소독이란 끓는 물속에 넣어 소독하는 것을 말하는데 균 전부를 사멸시키는 것은 불가 능 하다.

58. 공중위생관리법상 이·미용 업소의 조명 기준은?

① 50룩스 이상

② 75룩스 이상

③ 100룩스 이상

④ 125룩스 이상

58

미용업 영업자의 준수사항 7항 에 의거하여 영업장안의 조명 도는 75룩스 이상이 되도록 유 지하여야 한다.

51. ① **52.** ④ **53.** ② **54.** ② **55.** ③ **56.** ② **57.** ③ **58.** ②

59. 보건복지부령에 의해 영업장소 외의 장소에서 미용업무를 행할 수 있는 특별한 사유에 속하지 않는 것은?

① 사회복지시설에서 봉사활동으로 미용을 하는 경우
② 혼례나 그 밖의 의식에 참여하는 자에 대하여 그 의식 직전에 미용을 하는 경우
③ 특별한 사정이 있다고 보건복지부장관이 인정하는 경우
④ 질병이나 그 밖의 사유로 영업소에 나올 수 없는 자에 대하여 미용을 하는 경우

60

공중위생영업자가 공중위생관리법, 매매알선 등 행위의 처벌에 관한 법률, 풍속영업의 규제에 관한 법률, 청소년보호법, 의료법에 위반할 시 관계행정기관의 장의 요청이 있는 때에는 6월 이내의 기간을 정하여 영업의 정지, 일부시설의 사용 중지를 명하거나 영업소 폐쇄 등을 명할 수 있다.

60. 이·미용업 영업자가 공중위생관리법을 위반하여 관계행정기관의 장의 요청이 있는 때에는 몇 월 이내의 기간을 정하여 영업의 정지 또는 일부시설의 사용 중지 혹은 영업소 폐쇄 등을 명할 수 있는가?

① 3월
② 6월
③ 1년
④ 2년

61

이용사 및 미용사의 면허취소, 면허정지, 공중위생영업의 정지, 일부 시설의 사용금지, 영업소 폐쇄 명령 등의 처분 때에는 청문을 실시하여야 한다.

61. 행정처분 대상자 중 중요처분 대상자에게 청문을 실시할 수 있다. 그 청문대상이 아닌 것은?

① 면허정지 및 면허취소
② 영업정지
③ 영업소 폐쇄 명령
④ 자격증 취소

62. 다음 중 ( )안에 가장 적합한 것은?

▼

공중위생관리법상 "미용업"의 정의는 손님의 얼굴, 머리, 피부 등을 손질하여 손님의 ( )를(을) 아름답게 꾸미는 영업이다.

① 모습
② 외양
③ 외모
④ 신체

63. 식중독에 관한 설명으로 옳은 것은?

① 세균성 식중독 중 치사율이 가장 낮은 것은 보툴리누스 식중독이다.
② 테트로도톡신은 감자에 다량 함유되어 있다.
③ 식중독은 급격한 발생률, 지역과 무관한 동시에 다발성의 특성이 있다.
④ 식중독은 원인에 따라 세균성, 화학물질, 자연독, 곰팡이독으로 분류된다.

63

버툴리누스 세균성 식중독 중 치사율이 가장 높은 것이며 테르로도톡신은 복어에 들어있는 유독성분이다. 또한 식중독은 지역의 영향을 많이 받는다.

64. 다음 중 위생교육의 주기 및 시간을 알맞게 나열한 것은?

① 매년 3시간
② 반년 3시간
③ 매년 4시간
④ 반년 4시간

64

공중위생영업자는 매년 3시간씩 위생교육을 받아야한다.

65. 다음 중 같은 병원체에 의하여 발생하는 인수공통 감염병은?

① 천연두
② 콜레라
③ 디프테리아
④ 공수병

65

인수공통 감염병이란 사람과 동물 사이에 전파될 수 있는 질병으로 특히 동물이 사람에 옮기는 감염병을 말한다.

59. ③ **60.** ② **61.** ④ **62.** ③ **63.** ④ **64.** ① **65.** ④

66

치료는 의료영역이다.

67

여과멸균법은 열을 가할 수 없는 물질에 이용한다. 바이러스가 통과하는 불완전 소독법이다.

68

소독약의 희석배수/석탄산의 희석배수=석탄산 계수
180/90=2.00

69

물리적인 소독법 중 습열법에 해당하므로 분말제품은 부적절하다.

---

66. 공중보건학의 개념과 가장 관계가 적은 것은?

① 지역주민의 수명 연장에 관한 연구
② 감염병 예방에 관한 연구
③ 성인병 치료기술에 관한 연구
④ 육체적 정신적 효율 증진에 관한 연구

67. 혈청이나 약제, 백신 등 열에 불안정한 액체의 멸균에 주로 이용되는 멸균법은?

① 초음파멸균법
② 방사선멸균법
③ 초단파멸균법
④ 여과멸균법

68. 석탄산의 90배 희석액과 어느 소독약의 180배 희석액이 같은 조건하에서 같은 소독효과가 있었다면 이 소독약의 석탄산 계수는?

① 0.50
② 0.05
③ 2.00
④ 20.0

69. 고압증기멸균기의 소독대상물로 적합하지 않은 것은?

① 금속성기구
② 의류
③ 분말제품
④ 약액

70. 멸균의 의미로 가장 적합한 표현은?

① 병원균의 발육, 증식억제 상태
② 체내에 침입하여 발육 증식하는 상태
③ 세균의 독성만을 파괴한 상태
④ 아포를 포함한 모든 균을 사멸시킨 무균상태

71. 이·미용사 영업자의 지위를 승계 받을 수 있는 자의 자격은?

① 자격증이 있는 자
② 면허를 소지한 자
③ 보조원으로 있는 자
④ 상속권이 있는 자

72. 다음 중 공중이용시설 안에서의 일산화탄소의 오염허용기준은?

① 1시간 평균치 1000ppm 이상
② 1시간 평균치 1000ppm 이하
③ 2시간 평균치 1000ppm 이하
④ 2시간 평균치 1000ppm 이상

73. 공중위생관리법상(   ) 속에 가장 적합한 것은?

> 공중위생관리법은 공중이 이용하는 영업과 시설의 (   )등에 관한 사항을 규정함으로써 위생수준을 향상시켜 국민의 건강증진에 기여함을 목적으로 한다.

① 위생
② 위생관리
③ 위생과 소독
④ 위생과 청결

71

공중위생관리법 제3조의2 3항 면허를 소지한 자에 한하여 공중위생영업자의 지위를 승계할 수 있다.

66. ③ 67. ④ 68. ③ 69. ③ 70. ④ 71. ② 72. ② 73. ②

74

1차위반 : 영업정지 2월
2차위반 : 영업정지 3월
3차위반 : 영업장 폐쇄명령

75

행정처분기준
1차위반 시 : 경고 또는 개선명령
2차위반 시 : 영업정지 5일
3차위반 시 : 영업정지 10일
4차위반 시 : 영업장 폐쇄명령

76

영업 신고증의 재교부를 신청할 수 있는 사항은 신고증을 잃어 버렸을 때, 신고증이 헐어 못쓰게 된 때, 신고인의 성명이나 주민등록번호가 변경된 때이다.

77

렙토스피라증 : 감염된 동물의 소변이 원인으로 점막이나 상처난 피부를 통해 감염
트라코마 : 성교 시 점막 삼출물의 접촉으로 감염
파라티푸스 : 보균자나 환자의 대소변과 직·간접적으로 접촉할 때 감염

---

74. 미용업자가 점 빼기, 귓불 뚫기, 쌍커풀 수술, 문신, 박피술 그 밖에 이와 유사한 의료행위를 하여 관련법규를 1차 위반했을 때의 행정처분은?

① 경고
② 영업정지 2월
③ 영업장 폐쇄명령
④ 면허취소

75. 미용업신고증 및 면허증 원본을 게시하지 아니하거나 업소 내 조명도를 준수하지 아니한 때 2차 위반 시의 행정처분 기준은 무엇인가?

① 영업정지 3일
② 영업정지 5일
③ 영업정지 10일
④ 영업장 폐쇄명령

76. 다음 중 영업 신고증의 재교부를 신청할 수 있는 사항에 해당이 속하지 않는 것은?

① 신고인의 성명이나 주민등록번호가 변경된 때
② 신고증을 잃어 버렸을 때
③ 신고인의 주소가 변경되었을 때
④ 신고증이 헐어 못쓰게 되었을 때

77. 다음 중 오염된 주사기, 면도날 등으로 인해 감염이 잘되는 만성 감염병은?

① 렙토스피라
② 트라코마
③ 간염
④ 파라티푸스

78. 다음 중 미용기구의 소독기준 및 방법에 대한 설명으로 옳은 것은 무엇인가?

① 자외선소독:1㎠당 85㎼ 이상의 자외선을 10분 이상 쪼어준다.
② 열탕소독:섭씨 150℃ 이상의 물속에 10분 이상 끓여준다.
③ 증기소독:섭씨 100℃ 이상의 습한 열에 20분 이상 쐬어준다.
④ 크레졸소독:크레졸수(크레졸 3%, 물 97%의 수용액을 말한다)에 20분 이상 담가둔다.

78

열탕소독은 섭씨 100℃ 이상의 물속에 10분 이상 끓여준다. 자외선소독은 1㎠당 85㎼ 이상의 자외선을 20분 이상 쪼어주어야 하고, 크레졸수(크레졸 3%, 물 97%의 수용액을 말한다)에는 10분 이상 담가두어야 한다.

79. 독소형 식중독의 원인균은?

① 황색 포도상구균
② 장티푸스균
③ 돈 콜레라균
④ 장염균

79

독소형 식중독의 원인균으로는 황색 포도상구균, 웰치균, 보툴리누스균이있다.

80. 다음 중 아포를 형성하는 세균에 대한 가장 좋은 소독법은?

① 적외선 소독
② 자외선 소독
③ 고압증기멸균 소독
④ 알코올 소독

80

압력을 이용한 증기 멸균기인 고압증기멸균 소독은 아포를 포함한 모든 미생물을 멸균시키는 가장 효과적인 방법이다.

81. 여러 가지 물리화학적 방법으로 병원성 미생물을 가능한 제거하여 사람에게 감염의 위험이 없도록 하는 것은?

① 멸균
② 소독
③ 방부
④ 살충

74. ② **75.** ② **76.** ③ **77.** ③ **78.** ③ **79.** ① **80.** ③ **81.** ②

82

(1/100)×100=1%

83

가스괴저균은 혐기성균에 속한다.

84

영업소 및 미용사(업주)의 행정
처분
1차 : 영업정지 2월 및 면허정
지 2월
2차 : 영업정지 3월 및 면허정
지 3월
3차 : 영업장 폐쇄명령 및 면
허취소

85

*1차 위반에 면허취소
· 국가기술자격법에 따라 미용
사자격이 취소된 때
· 이중으로 면허를 취득한 때
· 법 제6조 제2항 제1호 내지
제4호의 결격사유에 해당한 때
*1차 위반에 면허정지-면허증
을 다른 사람에게 대여한 때

82. 소독약이 고체인 경우 1%수용액이란?

① 소독약 0.1g을 물 100ml에 녹인 것
② 소독약 1g을 물 100ml에 녹인 것
③ 소독약 10g을 물 100ml에 녹인 것
④ 소독약 10g을 물 990ml에 녹인 것

83. 호기성 세균이 아닌 것은?

① 결핵균
② 백일해균
③ 가스괴저균
④ 녹농균

84. 갑이라는 미용업영업자가 처음으로 손님에게 윤락행위를 제
공하다가 적발되었다. 이 경우 어떠한 행정처분을 받는가?

① 영업정지 2월 및 면허정지 2월
② 영업장 폐쇄명령 및 면허 취소
③ 향후 1년간 영업장 폐쇄
④ 업주에게 경고와 함께 행정처분

85. 다음 중 미용사의 면허에 관한 규정을 위반할 때 1차에 면허
정지를 받을 때는?

① 이중으로 면허를 취득한 때
② 면허증을 다른 사람에게 대여한 때
③ 국가기술자격법에 따라 미용사자격이 취소된 때
④ 법 제6조 제2항 제1호 내지 제4호의 결격사유에 해당한 때

86. 면허의 정지명령을 받은 자는 그 면허증을 누구에게 제출해야 하는가?

    ① 보건복지부장관
    ② 시·도지사
    ③ 시장·군수·구청장
    ④ 이·미용사 중앙회장

86

공중위생관리법 시행규칙 제12조1항

87. 이·미용업의 준수사항으로 틀린 것은?

    ① 소독을 한 기구와 하지 않는 기구는 각각 다른 용이게 보 관하여야 한다.
    ② 간단한 피부이용을 위한 의료기구 및 의약품은 사용하여도 된다.
    ③ 영업장의 조명도는 75룩스 이상 되도록 한다.
    ④ 점 빼기, 쌍꺼풀 수술 등의 의료행위를 하여서는 안 된다.

87

공중위생관리법 제4조4항1호

88. 이·미용업을 승계할 수 있는 경우가 아닌 것은?

    ① 이·미용업을 양수한 경우
    ② 이·미용영업자의 사망에 의한 상속에 의한 경우
    ③ 공중위생관리법에 의한 영업장폐쇄명령을 받은 경우
    ④ 이·미용영업자의 파산에 의해 시설 및 설비의 전부를 인수한 경우

88

공중위생관리법 제3조의2(공중위생영업의 승계)

89. 다음 중 검출이 간편, 정확하고 병원균의 오염을 측정할 수 있어서 수질검사의 지표로 삼는 균은?

    ① 공중균
    ② 대장균
    ③ 이질균
    ④ 박테리아균

82. ②   **83.** ③   **84.** ①   **85.** ②   **86.** ③   **87.** ②   **88.** ③   **89.** ②

90

보툴리누스 식중독 균은 통조림, 소세지 등의 식품을 혐기성 상태에서 발육하여 신경독소를 분비한다.

91

제1군 법정 감염병 세균성이질, 장티푸스, 장출혈성 대장균 감염증, 파라티푸스, A형 간염, 콜레라

93

승홍액은 섬유류, 유리, 목재, 도자기 등의 소독에 이용하며 독성이 강해 식기류나 금속류에는 사용하지 않는다.

90. 다음 중 식품의 혐기성 상태에서 발육하여 신경계 증상이 주 증상으로 나타나는 것은?

① 살모넬라 식중독
② 보툴리누스 식중독
③ 포도상 구군 식중독
④ 장염 비브리오 식중독

91. 감염병 예방법상 제1군 감염병에 속하는 것은?

① 한센병
② 폴리오
③ 일본뇌염
④ 파라티푸스

92. 한 지역이나 국가의 공중보건을 평가하는 기초자료로 가장 신뢰성 있게 인정되고 있는 것은?

① 질병이완율
② 영아사망률
③ 신생아사망률
④ 조사망률

93. 다음 중 음료수 소독에 사용되는 소독 방법 중 가장 거리가 먼 것은?

① 염소소독
② 표백분 소독
③ 자비소독
④ 승홍액 소독

94. 보통 상처의 표면을 소독하는데 이용하는 발생기 산소가 강력한 산화력으로 미생물을 살균 하는 소독제는?

① 석탄산
② 과산화수소수
③ 클레졸
④ 에탄올

94

과산화수소는 자극성이 적어 피부, 구내염, 입 안 상처 등의 소독에 이용하며 병원체를 산화시켜 살균한다.

95. 알코올 소독의 미생물 세포에 대한 주된 작용기전은?

① 할로겐 복합물 형성
② 단백질 변성
③ 효소의 완전 파괴
④ 균체의 완전 용해

95

알코올은 병원균의 단백질을 응고시켜서 살균효과를 나타낸다.

96. 자비소독에 관한 내용으로 접합하지 않는 것은?

① 물에 탄산나트륨을 넣으면 살균력이 강해진다.
② 소독할 물건은 열탕 속에 완전히 잠기도록 해야 한다.
③ 100도씨에서 15~20분간 소독한다.
④ 금속기구, 고무, 가죽의 소독에 적합하다.

96

자비소독
① 100℃에서 15~20분간 가열한다.
② 물에 탄산나트륨 첨가 시 살균력이 더 강해진다.
③ 식기류, 도자기류, 의류 소독에 적합하다.

97. 공중위생영업소의 위생관리기준을 향상시키기 위하여 위생서비스 평가계획을 수립하는 자는?

① 대통령
② 보건복지부장관
③ 시·도지사
④ 공중위생관련협회 또는 단체

97

공중위생관리법 제13조(위생서비스수준의 평가) 제1항

90. ② 91. ④ 92. ② 93. ④ 94. ② 95. ② 96. ④ 97. ③

98

24시간 평균 실내 미세먼지의 양이 150㎍/㎥을 초과하는 경우에 실내공기 정화시설(덕트) 및 설비를 교체 또는 청소해야 한다.

99

공중위생관리법 제20조〈벌칙〉 제1항

100

공중위생관리법 시행령 제9조 의2(명예공중위생감시원의 자격 등)

101

주광과 가까운 효과를 내야 하기 때문에 색이 있는 것은 좋지 않다.

---

98. 다음 중 실내공기 위생관리 기준에서 24시간 평균 실내 미세먼지의 양이 150㎍/㎥을 초과하는 경우에 교체 또는 청소하여야 하는 실내공기정화시설 및 설비가 아닌 것은 무엇인가?

① 화장실용 배기관
② 실외공기의 단순배기관
③ 공기정화기와 이에 연결된 배기관
④ 중앙집중식 냉 · 난방시설의 배기구

99. 이 · 미용업의 영업신고를 하지 아니하고 업소를 개설한 자에 대한 법적 조치는?

① 200만원 이하의 과태료
② 300만원 이하의 벌금
③ 6년 이하의 징역 또는 500만원 이하의 벌금
④ 1년 이하의 징역 또는 1천만원 이하의 벌금

100. 다음 중 법에서 규정하는 명예공중위생감시원의 위촉 대상자가 아닌 것은?

① 공중위생관련 협회장이 추천하는 자
② 소비자 단체장이 추천하는 자
③ 공중위생에 대한 지식과 관심이 있는 자
④ 3년 이상 공중위생 행정에 종사한 경력이 있는 공무원

101. 위생적인 조명의 조건에 맞지 않는 것은?

① 눈이 부시지 않아야 한다.
② 약간의 색이 있어야 한다.
③ 충분한 조명량이 있어야 한다.
④ 그림자가 생기지 않아야 한다.

102. 다음 중 파리가 매개할 수 있는 질병과 거리가 먼 것은?

① 아메바성 이질
② 장티푸스
③ 발진티푸스
④ 콜레라

103. 법정 감염병 중 제2군에 해당되는 것은?

① 디프테리아
② A형 간염
③ 레지오넬라증
④ 한센병

104. 질병전파의 개달물(介達物)에 해당되는 것은?

① 공기, 물
② 우유, 음식물
③ 의복, 침구
④ 파리, 모기

105. 식품의 혐기성 상태에서 발육하여 체외독소로서 신경독소를 분비하며 치명률이 가장 높은 식중독으로 알려진 것은?

① 살모넬라 식중독
② 보툴리누스균 식중독
③ 웰치균 식중독
④ 알레르기성 식중독

102

파리가 매개할 수 있는 질병:
아메바성 이질, 장티푸스, 콜레라, 파라티푸스, 결핵, 세균성 질병, 결핵, 나병 등

103

A형 간염은 지정, 레지오넬라증, 한센병은 제3군이다.

104

개달물:물, 우유, 식품, 공기, 토양을 제외한 비활성 매체를 말한다.(의복, 침구, 완구, 책 등)

105

보툴리누스균 식중독은 식중독 중 치명률이 가장 높다. 독소형 식중독이며 사망에 이를 수 있다.

98. ② **99.** ④ **100.** ④ **101.** ② **102.** ③ **103.** ① **104.** ③ **105.** ②

106

고압증기 멸균법 : 보통 120℃
에서 20분간 가열하면 미생물
은 완전히 멸균된다.

106. 다음 중 120℃에서 20분간 가열하면 아포를 포함한 모든 미
생물을 완전히 멸균시킬 수 있는 멸균법은?

① 자비 멸균법
② 자외선 멸균법
③ 고압증기 멸균법
④ 유통증기 멸균법

107. 다음 중 면허의 정지명령을 받은 자의 반납한 면허증을 면
허정지기간 동안 보관하는 곳은?

① 관할 법원
② 관할 경찰서
③ 영업자의 영업장
④ 관할 시장 · 군수 · 구청장

108

승홍에 소금을 섞을 경우 용액
이 중성이 되고 자극성이 완화
되며 소독력이 강해진다.

108. 승홍에 소금을 섞었을 때 일어나는 현상은?

① 용액이 중성으로 되고 자극성이 완화된다.
② 용액의 기능을 2배 이상 증대시킨다.
③ 세균의 독성을 중화시킨다.
④ 소독대상물의 손상을 막는다.

109

미용기구의 소독기준 및 방법
은 보건복지부령으로 정한다.

109. 다음 중 미용업자가 지켜야 할 영업 준수사항에 속하지 않
는 것은?

① 미용기구의 소독기준 및 방법은 시장 · 군수 · 구청장령으로 정
한다.
② 의료기구와 의약품을 사용하지 아니하는 순수한 화장 또는 피
부미용을 할 것
③ 미용기구는 소독을 하지 아니한 기구와 소독을 한 기구로 분리
하여 보관
④ 면도기는 반드시 일회용 면도날만을 고객 1인에 한하여 사용할 것

110. 다음 중 감염병이 이 · 미용업소에서 특별히 문제시되는 주된 이유는 무엇인가?

① 다수인의 출입 때문에
② 업소 내에 습기가 많기 때문에
③ 업소 내 일광이 들어오지 않기 때문에
④ 이 · 미용기구에 감염병균이 잘 붙기 때문에

111. 인체에 질병을 일으키는 병원체 중 대체로 살아있는 세포에서만 증식하고 크기가 가장 작아 전자현미경으로만 관찰할 수 있는 것은?

① 구균
② 간균
③ 바이러스
④ 원생동물

112. 다음 중 면허취소 · 정지처분의 세부기준은 무엇으로 정하는가?

① 대통령령
② 노동부령
③ 지방자치령
④ 보건복지부령

113. 이 · 미용사가 이 · 미용업소 외의 장소에서 이 · 미용을 한 경우 3차 위반 행정처분기준은?

① 영업장 폐쇄명령
② 영업정지 10일
③ 영업정지 1월
④ 영업정지 2월

110

많은 사람이 출입하면 병원균을 옮겨오기 때문이다.

112

면허취소 · 정지처분의 세부적인 기준은 보건복지부령으로 정한다.

113

1차위반 : 영업정지 1월
2차위반 : 영업정지 2월
3차위반 : 영업 폐쇄명령

106. ② **107.** ④ **108.** ① **109.** ① **110.** ① **111.** ③ **112.** ④ **113.** ①

114

위생관리 등급별 감시기준 : 영업소에 대한 출입, 검사와 위생감시의 실시 주기 및 횟수 등

115

세계보건기구는 한 나라의 힘으로는 어려운 기술적인 지원을 하고 있다.

116

혐기성 세균인 보툴리누스균은 산소가 없는 곳에서만 잘 증식한다. 통조림, 소시지와 같은 식품이 원인식품이 되어 30% 이상의 치사율을 보인다. 상한 식품에서 증식한 세균이 뽑은 독소로 독소형 식중독의 대표균이다.

117

사회보장이란 질병, 장애, 노령, 실업, 사망 등의 사회적 위험으로부터 모든 국민을 보호하고 빈곤을 해소하며, 국민생활의 질을 향상시키기 위하여 제공되는 사회보험, 공공부조, 사회복지 서비스 및 관련 복지제도를 말하는 것이다.

114. 위생서비스평가의 결과에 따른 위생관리등급별로 영업소에 대한 위생 감시를 실시할 때의 기준이 아닌 것은?

① 위생교육 실시 횟수
② 영업소에 대한 출입 · 검사
③ 위생 감시의 실시 주기
④ 위생 감시의 실시 횟수

115. 다음 중 세계보건기구 회원국에 대한 가장 중요한 기능은 무엇인가?

① 재정지원
② 기술지원
③ 의약품지원
④ 보건의료시설기관

116. 식품의 혐기성 상태에서 발육하여 신경독소를 분비하는 세균성 식중독 원인균은?

① 살모넬라균
② 황색 포도상구균
③ 캠필로박터균
④ 보툴리누스균

117. 사회보장의 분류에 속하지 않는 것은?

① 산재보험
② 자동차 보험
③ 소득보장
④ 생활보호

118. 다음 중 한 나라의 보건수준을 측정하는 지표로서 가장 대표적인 것은?

① 종합병원 설치 수
② 영유아사망률
③ 감염병 발생률
④ 노인사망률

119. 임신 7개월(28주)까지의 분만을 뜻하는 것은?

① 조산
② 유산
③ 사산
④ 정기산

120. 환자 접촉자가 손의 소독 시 사용하는 약품으로 가장 부적당한 것은?

① 크레졸수
② 승홍수
③ 역성비누
④ 석탄산

121. 당이나 혈청과 같이 열에 의해 변성되거나 불안정한 액체의 멸균에 이용되는 소독법은?

① 저온살균법
② 여과멸균법
③ 간헐멸균법
④ 건열멸균법

114. ① 115. ② 116. ④ 117. ② 118. ② 119. ② 120. ④ 121. ②

122

자비소독법, 고압증기멸균법,
간헐멸균법은 물리적 소독법
중 습열법에 해당한다.

123

석탄산 계수 = 소독약의 희석
배수/석탄산의 희석배수

122. 다음 중 화학적 소독법에 해당되는 것은?

① 알코올 소독법
② 자비소독법
③ 고압증기멸균법
④ 간헐멸균법

123. 석탄산의 희석배수 90배를 기준으로 할 때 어떤 소독약의
석탄산 계수가 4이었다면 이 소독약의 희석배수는?

① 90배
② 94배
③ 360배
④ 400배

124. 손님의 얼굴, 머리, 피부 등을 손질하여 손님의 외모를 아름
답게 꾸미는 공중위생영업은?

① 위생관리용역업
② 이용업
③ 미용업
④ 목욕장업

125. 영업소의 폐쇄명령을 받고도 계속하여 영업을 하는 때에 관
계공무원으로 하여금 영업소를 폐쇄할 수 있도록 조치를
위할 수 있는 자는?

① 보건복지부장관
② 시 · 도지사
③ 시장 · 군수 · 구청장
④ 보건소장

126. 위생교육을 받지 아니한 때에 대한 3차 위반 시행 정지처분 기준은?

① 영업정지 10일
② 영업정지 15일
③ 영업정지 1월
④ 영업장 폐쇄명령

126

1차위반 : 경고
2차위반 : 영업정지 5일
3차위반 : 영업정지 10일
4차위반 : 영업장 폐쇄명령

127. 다음 중 공중위생감시원의 자격, 임명, 업무범위, 기타 필요한 사항을 정하는 것은?

① 대통령령
② 지방자치령
③ 보건복지부령
④ 공중위생관리법 시행령

128. 이 · 미용사의 면허증을 재교부 신청할 수 없는 경우는?

① 국가기술자격법에 의한 이 · 미용사 자격증이 취소된 때
② 면허증의 기재사항에 변경이 있을 때
③ 면허증을 분실 한 때
④ 면허증이 못쓰게 된 때

128

면허증 재교부 신청이 가능한 경우는
· 면허증을 잃어버린 때
· 면허증이 헐어서 못쓰게 된 때
· 면허증의 기재사항에 변경이 있을 때(성명 및 주민등록번호에 한함)

129. 법 또는 법에 의한 명령에 위반 한 때 1차 위반 시의 행정처분 기준이 영업정지 1월인 위반사항인 것은?

① 위생교육을 받지 아니한 때
② 영업소 외의 장소에서 업무를 행한 때
③ 영업자의 지위를 승계한 후 1월 이내에 신고하지 아니한 때
④ 시 · 도지사 또는 시장 · 군수 · 구청장의 개선명령을 이행하지 아니한 때

129

나머지 위반사항들은 1차 위반 시 경고 또는 개선명령이다.

122. ① **123.** ③ **124.** ③ **125.** ③ **126.** ② **127.** ① **128.** ① **129.** ②

130

트리코나 : 클라다미아균의 일종인 균에 감염에 의해 발생한다. 개발도상국과 같은 후진국에서 발병빈도가 높으며 체계적으로 주요한 실명의 원인 중 하나이다. 병원체는 환자의 눈꼽으로 감염이 된다.

131

공수병은 광견병의 다른 이름이다.

132

산화법은 쓰레기 처리법이 아닌 하수처리방법의 일종이다.

133

생균백신 사용질병 : 홍역, 결핵, 폴리오, 두창 등

134

승홍수는 독성이 있어 인체의 창상용 소독약으로 부적당하다.

130. 이 · 미용업소에서 전염될 수 있는 트라코마에 대한 설명 중 틀린 것은?

① 수건, 세면기 등에 의하여 감염된다.
② 전염원은 환자의 눈물, 콧물 등이다.
③ 예방접종으로 사전 예방할 수 있다.
④ 실명의 원인이 될 수 있다.

131. 다음 중 쥐와 관계없는 감염병은?

① 유행성출혈열
② 페스트
③ 공수병
④ 살모넬라증

132. 다음 중 쓰레기 처리법이 아닌 것은 무엇인가?

① 소각법
② 산화법
③ 퇴비화법
④ 위생적인 매립법

133. 다음 중 예방법으로 생균백신을 사용하는 것은?

① 홍역
② 콜레라
③ 디프테리아
④ 파상풍

134. 인체의 창상용 소독약으로 부적당한 것은?

① 승홍수
② 머큐로크롬액
③ 희옥도정기
④ 아크리놀

135. 이 · 미용업 종사자가 손을 씻을 때 많이 사용하는 소독약은?

① 크레졸 수
② 페놀 수
③ 과산화수소
④ 역성 비누

136. 다음 중 공중위생감시원의 업무범위가 아닌 것은?

① 공중위생영업 관련 시설 및 설비의 위생상태 확인 및 검사에 관한 사항
② 공중위생영업소의 위생서비스 수준평가에 관한 사항
③ 공중위생영업소 개설자의 위생교육 이행여부 확인에 관한 사항
④ 공중위생영업자의 위생관리의무 영업자준수 사항 이행여부의 확인에 관한 사항

137. 다음 중 공중위생감시원의 업무범위가 아닌 것은?

① 영업소 폐쇄명령 이행 여부의 확인
② 위생교육 이행여부의 확인
③ 법령 위방행위에 대한 신고 및 자료 제공
④ 법위생지도 및 개선명령 이행여부의 확인

138. 이 · 미용사의 면허를 받지 않은 자가 이 · 미용의 업무를 하였을 때의 벌칙기준은?

① 100만원 이하의 벌금
② 200만원 이하의 벌금
③ 300만원 이하의 벌금
④ 500만원 이하의 벌금

130. ③ **131.** ③ **132.** ② **133.** ① **134.** ① **135.** ④ **136.** ② **137.** ③ **138.** ③

139. 건전한 영업질서를 위하여 공중위생영업자가 준수하여야
할 사항을 준수하지 아니한 자에 대한 벌칙기준은?

① 1년 이하의 징역 또는 1천만원 이하의 벌금
② 6월 이하의 징역 또는 500만원 이하의 벌금
③ 3월 이하의 징역 또는 300만원 이하의 벌금
④ 300만원 이하의 벌금

140

이·미용업소 내에 반드시 게
시해야 하는 세 가지는 이·미
용업 신고증, 개설자의 면허증
원본, 미용요금표이다.

140. 이·미용업소 내에서 게시하지 않아도 되는 것은?

① 이·미용업신고증
② 개설자의 면허증 원본
③ 개설자의 건강진단서
④ 요금표

141

우리나라는 1949년 65번째로
서태평양 지역에 가입하였다.

141. 다음 중 우리나라가 세계보건기구에 가입한 연도 및 가입
순서로 옳은 것은?

① 1945년 - 65번째로 가입
② 1945년 - 63번째로 가입
③ 1949년 - 65번째로 가입
④ 1949년 - 63번째로 가입

142

접촉감염은 환자·보균자 또는
병원체가 부착한 의복 물품 등
에 직접 피부가 닿거나 기침·
재채기 등을 통하여 감염되는
감염병으로 감염지수가 가장
높은 질병은 대부분 사람이 한
번 쯤 걸릴 수 있는 홍역이다.

142. 다음 중에서 접촉 감염지수(감수성지수)가 가장 높은 질병
은?

① 홍역
② 소아마비
③ 디프테리아
④ 성홍열

143. 인수공통감염병에 해당하는 것은?

① 천연두
② 콜레라
③ 디프테리아
④ 공수병

144. 매개곤충과 전파하는 감염병의 연결이 틀린 것은?

① 쥐 – 유행성출혈열
② 모기 – 일본뇌염
③ 파리 – 사상충
④ 쥐벼룩 – 페스트

145. 다음 중 소독약품의 적정 희석농도가 틀린 것은?

① 석탄산 – 3%
② 승홍 – 0.1%
③ 알코올 – 70%
④ 크레졸 – 0.3%

146. 다음 중 가장 쾌적한 습도는 무엇인가?

① 온도 18℃에서 60%
② 온도 18℃에서 65%
③ 온도 20℃에서 70%
④ 온도 20℃에서 75%

143

인수공통감염병은 사람과 동물이 양쪽에 이환되는 감염병을 말하며, 특히 동물로부터 사람에게 감염되는 병을 말한다. 공수병(광견병), 탄저, 페스트 등이 있다.

144

사상충은 개, 고양이, 늑대, 여우, 사람에 기생하고 중간숙주는 모기가 흡혈 시 전파된다. 파리가 전파하는 감염병은 장티푸스, 파라티푸스, 살모넬라 등이 있다.

145

크레졸은 손소독에는 1~2%, 기구를 소독할 때는 3%의 용액으로 사용한다.

139. ② **140.** ③ **141.** ③ **142.** ① **143.** ④ **144.** ③ **145.** ④ **146.** ①

147

소각법은 불에 태워 멸균시키는 방법으로 병원균에 오염된 가운, 거즈, 수건, 휴지 등을 처리하는 방법이다.

148

보건행정이란 우리 국민의 건강을 유지함과 동시에 건강 증진을 도모하도록 돕는 보건정책을 말한다.

150

면허가 취소된 후 계속하여 업무를 행한 자는 300만원 이하의 벌금, 나머지의 벌칙은 1년 이하의 징역 또는 1천만원 이하의 벌금이다.

147. 결핵환자의 객담 처리방법 중 가장 효과적인 것은?

① 소각법
② 알콜소독
③ 크레졸소독
④ 매몰법

148. 보건행정의 특성과 가장 거리가 먼 것은?

① 공공성
② 교육성
③ 정치성
④ 과학성

149. 광역시 지역에서 이·미용업소를 운영하는 사람이 영업소의 소재지를 변경하고자 할 때의 조치사항으로 옳은 것은?

① 시장에게 변경허가를 받아야 한다.
② 관할 구청장에게 변경허가를 받아야 한다.
③ 시장에게 변경신고를 하면 된다.
④ 관할 구청장에게 변경신고를 하면 된다.

150. 다음 중 이·미용영업에 있어 벌칙기준이 다른 것은?

① 영업신고를 하지 아니한 자
② 영업소 폐쇄명령을 받고도 계속하여 영업을 한 자
③ 일부 시설의 사용중지 명령을 받고 그 기간 중에 영업을 한 자
④ 면허가 취소된 후 계속하여 업무를 행한 자

151. 공중이용시설 안에서의 허용되는 오염기준과 오염물질의 종류에 대한 설명으로 옳지 않은 것은?

① 24시간 평균치 25ppm 이하 – 일산화탄소(CO)
② 1시간 평균치 1,000ppm 이하 – 이산화탄소(CO2)
③ 24시간 평균치 150㎍/㎥ 이하 – 미세먼지(PM-10)
④ 1시간 평균치 120㎍/㎥ 이하 – 포름알데이드(HCHO)

151

일산화탄소(CO)는 1시간 평균치 25ppm 이하이다.

152. 이·미용사의 면허를 받을 수 없는 사람은?

① 전문대학 또는 이와 동등 이상의 학력이 있다고 교육부장관이 인정하는 학교에서 이·미용에 관한 학과를 졸업한 자
② 국가기술자격법에 의한 이·미용사 자격을 취득한 자
③ 교육부장관이 인정하는 고등기술학교에서 6월 이상 이·미용의 과정을 이수한 자
④ 고등학교 또는 이와 동등의 학력이 있다고 교육부장관이 인정하는 학교에서 이·미용에 관한 학과를 졸업한 자

152

교육부장관이 인정하는 고등기술학교에서 '1년 이상' 이·미용의 과정을 이수한 자

153. 다음 중 공중위생영업자가 받아야 하는 위생교육이 아닌 것은 무엇인가?

① 공중위생에 관한 필요한 내용
② 친절 및 청결에 관한 사항
③ 「공중위생관리법」 및 관련 법규
④ 영업소 경영에 관한 사항

154. 다음 중 미용사 면허를 발급해 주는 사람은 누구인가?

① 대통령
② 시장·군수·구청장
③ 시장·도지사
④ 보건복지부 장관

154

미용사가 되고자 하는 사람은 시장·군수·구청장의 면허를 받아야 한다.

147. ① **148.** ③ **149.** ④ **150.** ④ **151.** ① **152.** ③ **153.** ④ **154.** ②

155

염화불화탄소는 염소와 불소를 포함한 유기 화합물로 듀폰사 상품명인 프레온가스로 일반화되어 알고 있다.

157

기온역전현상 : 정상적인 기온은 상부기온이 하부기온보다 낮으나 기상이변이 생겨 상부기온이 하부기온보다 높게 되는 현상

158

미생물을 소독하여 감염을 없애기 위해서는 온도, 산소, 수분, 수소이온농도, 삼투압, 영양원 중 하나만 깨뜨려도 소독의 결과를 볼 수 있다.

159

체감온도의 3요소 : 기온. 기습. 기류

155. 성층권의 오존층을 파괴시키는 대표적인 가스는?

① 아황산가스
② 일산화탄소
③ 이산화탄소
④ 염화불화탄소

156. 기생충과 중간숙주의 연결이 틀린 것은?

① 광절열두조충증 – 물벼룩, 송어
② 유구조충증 – 오염된 풀, 소
③ 폐흡충증 – 민물게, 가재
④ 간흡충증 – 쇠우렁, 잉어

157. 다음 중 기온역전현상은 어느 경우를 말하는가?

① 안개와 매연이 심하게 될 때
② 상부기온이 하부기온보다 높을 때
③ 상부기온이 하부기온보다 낮을 때
④ 상부기온과 하부기온이 같을 때

158. 다음 중 소독에 영향을 가장 적게 미치는 인자는?

① 온도
② 대기압
③ 수분
④ 시간

159. 다음 중 체감(감각)온도의 3요소가 아닌 것은?

① 기온
② 기압
③ 기류
④ 기습

160. 100도씨 이상 고온의 수증기를 고압상태에서 미생물, 포자 등과 접촉시켜 멸균할 수 있는 것은?

① 자외선 소독기
② 건열 멸균기
③ 고압증기 멸균기
④ 자비소독기

161. 모기를 매개곤충으로 하여 일으키는 질병이 아닌 것은?

① 말라리아
② 사상충엽
③ 일본뇌염
④ 발진티푸스

162. 이·미용업소에서 손님이 보기 쉬운 곳에 게시하지 않아도 되는 것은?

① 개설자의 면허증원본
② 신고증
③ 사업자 등록증
④ 이·미용 요금표

163. 다음 중 면허를 받을 수 없는 결격사유에 해당하지 않는 사람은 누구인가?

① 비전염성 결핵환자
② 약물중독자
③ 정신질환자
④ 금치산자

160

아포를 포함한 모든 미생물을 멸균시키는 가장 효과적인 방법으로 압력을 이용한 증기 멸균기이다.

161

발진티푸스는 이를 매개로 하여 감염되는 발진성 열성질환이다.

163

면허를 받을 수 없는 결격사유에 해당하는 사람은 공중의 위생에 영향을 미칠 수 있는 감염병환자로서 보건복지부령이 정하는 자이다.

155. ④ 156. ② 157. ② 158. ② 159. ② 160. ③ 161. ④ 162. ③ 163. ①

164

영업정지처분을 받고 그 영업
정지기간 동안 영업을 한 때에
대한 1차 위반시 행정처분은
영업장 폐쇄명령이다.

165

행정처분 1차위반 : 면허정지 3월
2차위반 : 면허정지 6월
3차위반 : 면허취소

166

오염물질의 종류와 오염허용
기준은 보건복지부령으로 정한다.

164. 영업정지처분을 받고 그 영업정지기간 중 영업을 한 때에
대한 1차 위반 시 행정처분기준은?

① 영업정지 10일
② 영업정지 20일
③ 영업정지 1월
④ 영업장 폐쇄명령

165. 이 · 미용사의 면허증을 다른 사람에게 대여한 때의 법칙행
정처분 조치사항으로 옳은 것은?

① 시 · 도지사가 그 면허를 취소하거나 6월 이내의 기간을 정하여
업무정지를 명할 수 있다.
② 시 · 도지사가 그 면허를 취소하거나 1년 이내의 기간을 정하여
업무정지를 명할 수 있다.
③ 시장 · 군수 · 구청장은 그 면허를 취소하거나 6월 이내의 기간
을 정하여 업무정지를 명할 수 있다.
④ 시장 · 군수 · 구청장은 그 면허를 취소하거나 1년 이내의 기간
을 정하여 업무정지를 명할 수 있다.

166. 다음 중 공중이용시설의 위생관리에 대한 설명으로 옳지 않
은 것은?

① 오염물질의 종류와 오염허용 기준은 시장 · 군수 · 구청장으로
정한다.
② 실내공기는 보건복지부령이 정하는 위생관리기준에 적합하도
록 유지할 것
③ 24시간 평균 실내 미세먼지의 양이 $150\mu g/m^3$을 이하이어야 한다.
④ 공중이용시설 안에서 시설이용자의 건강을 해할 우려가 있는
오염물질이 발생되지 아니하도록 해야 한다.

167. 통조림, 소시지 등 식품의 혐기성 상태에서 발육하여 신경 독소를 분비하여 중독이 되는 식중독은?

① 포도상구균 식중독
② 솔라닌 독소형 식중독
③ 병원성 대장균 식중독
④ 보툴리누스균 식중독

168. 다음 중 습도를 나타내는데 가장 많이 쓰이는 것은 무엇인가?

① 절대습도
② 상대습도
③ 포화습도
④ 지적조건

169. 관련법상 제2군에 해당되는 감염병은?

① 황열
② 풍진
③ 세균성이질
④ 장티푸스

170. 다음 중 실내공기오염의 지표로 삼는 것은 무엇인가?

① 이산화탄소
② 아황산가스
③ 일산화탄소
④ 이산화질소

164. ④ **165.** ③ **166.** ① **167.** ④ **168.** ② **169.** ② **170.** ①

맞/춤/해/설

167

보툴리누스균 식중독은 식중독 중에 치명률이 가장 높고 중독 증상이 강하다.

168

상대습도(비교습도) : 가장 이상적이고 합리적인 온열조건을 지닌 조건

169

법정제2군감염병 : 디프테리아, 백일해, 파상풍, 홍역, 유행성이하선염, 풍진, 폴리오, B형간염, 일본간염, 수두

170

실내공기의 오염지표는 이산화탄소이다. 아황산가스는 대기오염도의 지표로 사용한다.

171

훈증은 살균가스나 증기를 뿌리는 확학적 소독방법이다.

172

손 소독시에는 1~2% 혼합, 환자의 배설물·토사물· 객담소독시에는 코레졸 비누액 3%와 물 97%혼합

173

질병 발생의 3대 요소는 병인, 병원소, 환경이다.

174

소독약품은 가격이 저렴하고 구입이 용이, 살균력이 있으며 독성이 없고 부식성, 표백성이 없어야 하며 용해성이 높을 수록 좋다.

171. 훈증 소독법에 대한 설명 중 틀린 것은?

① 분말이나 모래, 부식되기 쉬운 재질 등을 멸균할 수 있다.
② 가스(Gas)나 증기 (Fume)를 사용한다.
③ 화학적 소독방법이다.
④ 위생해충 구제에 많이 이용된다.

172. 100% 크레졸 비누액을 환자의 배설물, 토사물, 객담소독을 위한 소독용 크레졸 비누액 100mL로 조제하는 방법으로 가장 적합한 것은?

① 크레졸 비누액 0.5mL+물 99.5 mL
② 크레졸 비누액 3mL+물 97 mL
③ 크레졸 비누액 10mL+물 90 mL
④ 크레졸 비누액 50mL+anf 50 mL

173. 질병 발생의 3대 요소가 아닌 것은?

① 병인
② 환경
③ 숙주
④ 시간

174. 화학약품으로 소독 시 약품의 구비조건이 아닌 것은?

① 살균력이 있을 것
② 부식성, 표백성이 없을 것
③ 경제적이고 사용방법이 간편할 것
④ 용해성이 낮을 것

175. 영업소 외의 장소에서 업무를 행한 때 3차 위반 시의 행정처분 기준은 무엇인가?

① 영업정지 15일
② 영업정지 1월
③ 영업정지 2월
④ 영업장 폐쇄명령

176. 변경신고를 하지 아니하고 영업소의 소재지를 변경한 때의 1차 위반 행정처분기준은?

① 영업정지 1월
② 영업정지 2월
③ 영업장 폐쇄명령
④ 영업허가 취소

177. 다음 중 공중위생영업을 폐업할 날부터 얼마의 기간 이내에 시장 · 군주 · 구청장에게 신고하여야 하는가?

① 5일
② 7일
③ 20일
④ 30일

178. 위생교육은 일 년에 몇 시간을 받아야 하는가?

① 2시간
② 3시간
③ 5시간
④ 6시간

175

행정처분기준
· 1차위반 시 : 영업정지 1월
· 2차위반 시 : 영업정지 2월
· 3차위반 시 : 영업장 폐쇄명령

176

신고를 하지 아니하고 영업소의 소재지를 변경한 때의 1차 위반의 행정처분은 '영업장 폐쇄명령'이다.

177

공중위생영업을 폐업한 날부터 20일 이내에 신고하여야 한다.

178

미용업 영업자는 매년 위생교육을 받아야 하며 1년에 3시간으로 한다.

---

179. 다음 중 이·미용업무에 종사할 수 있는 자는?

① 공인 이·미용학원에서 3개월 이상 이·미용에 관한 강습을 받은 자
② 이·미용업소에 취업하여 6개월 이상 이.미용에 관한 기술을 수습한 자
③ 이·미용업소에서 이.미용사의 감독하에 이·미용업무를 보조하고 있는 자
④ 시장·군수·구청장이 보조원이 될 수 있다고 인정하는 자

180

면허취소, 300만원 이하의 벌금이다.

180. 다음 중 공중위생 관리법의 시행규칙상의 면허취소 및 정지 사유에 대한 설명으로 옳지 않은 것은 무엇인가?

① 이중으로 면허를 취득한 때:나중에 발급받은 면허취소
② 국가자격기술법에 따라 미용사자격이 취소된 때:면허취소
③ 면허정지 처분을 받고 그 정지 기간 중 업무를 행한 때:300만원 이상의 벌금
④ 국가자격기술법에 따라 미용사자격정지 처분을 받은 때:면허정지

181

파상풍 면역 글로불린이나 항독소를 정맥주사하여 독소를 순화한다.

181. 예방접종 줄 세균의 독소를 약독화(순화)하여 사용하는 것은?

① 폴리오
② 콜레라
③ 장티푸스
④ 파상풍

182

공기의 물리적 성상인 기온, 기습. 기류 및 복사열 등은 인체의 체온조절에 중요한 영향을 미치는 온열요소로 각각 독립적이기보다는 상호복합적으로 작용한다.

182. 체온은 유지하는데 영향을 주는 온열인자가 아닌 것은?

① 기온
② 기습
③ 복사열
④ 기압

183. 제3군 감염병이 아닌 것은?

① 결핵
② B형간염
③ 한센병
④ 유행성 출혈열

B형간염은 제2군감염병이며 예방접종대상이다.

184. 무수알코올(100%)을 사용해서 70%의 알코올 1800 mL를 만드는 방법으로 옳은 것은?

① 무수알코올 700 mL에 물 1100 mL 를 가한다.
② 무수알코올 70 mL에 물 1730 mL를 가한다.
③ 무수알코올 1260 mL에 물 540 mL를 가한다.
④ 무수알코올 126 mL에 물 1674 mL를 가한다.

1,800ml/70%=1,260ml
1,260ml(무수알코올)+540ml
(물)=1,800ml

185. 어떤 소독약의 석탄계수가 2.0이라는 것은 무엇을 의미하는가?

① 석탄산의 살균력이 2이다.
② 살균력이 석탄산의 2배이다.
③ 살균력이 석탄산의 2%이다.
④ 살균력이 석탄산의 120%이다.

소독약의 희석배수:석탄산 계수=석탄산의 희석배수

186. 다음 중 소독약의 구비조건으로 틀린 것은?

① 인체에는 독성이 없어야 한다.
② 소독물품에 손상이 없어야 한다.
③ 사용방법이 간단하고 경제적이어야 한다.
④ 소독실시 후 서서히 소독효력이 증대되어야한다.

소독실시 후 빠른 소독의 효과가 있어야 한다.

179. ③ **180.** ③ **181.** ④ **182.** ④ **183.** ② **184.** ③ **185.** ② **186.** ④

187

승홍수는 강한 살균력과 독성으로 금속기구를 소독하는 데는 적당하지 않다.

188

과태료 처분에 불복이 있는 자는 그 처분의 고지를 받은 날로부터 30일 이내에 처분권자에게 이의를 제기할 수 있다.

189

보건복지부령이 정하는 중요사항
· 영업소의 명칭 또는 상호
· 영업소의 소재지
· 신고한 영업장 면적의 3분의 1이상의 증감
· 대표자의 성명(법인의 경우에 한한다)
· 공중위생관리법 시행령 제4조 제2호 각 목에 따른 미용업 업종 간 변경

---

187. 자비소독 시 살균력을 강하게 하고 금속기자재가 녹스는 것을 방지하기 위하여 첨가하는 물질이 아닌 것은?

① 2% 중조
② 2% 크레졸 비누액
③ 5% 승홍수
④ 5% 석탄산

188. 과태료 처분에 불복이 있는 경우 어느 기간 내에 이의를 제기할 수 있는가?

① 처분한 날로부터 30일 이내
② 처분의 고지를 받은 날로부터 30일 이내
③ 처분한 날로부터 15일 이내
④ 처분이 있음을 안 날로부터 15일 이내

189. 영업변경신고는 보건복지부령이 정하는 중요사항을 변경하고자 하는 때에 신고 할 수 있다. 다음 중 변경신고 사항에 해당하지 않는 것은?

① 영업소의 소재지
② 미용업 업종 간 변경
③ 영업소의 명칭 또는 상호
④ 신고한 영업장 면적의 5분의 1이상의 증감

190. 다음 중 미용업을 개설하려고 할 때 일정한 시설과 설비를 갖추고 누구에게 영업신고를 해야 하는가?

① 시 · 도지사
② 대통령
③ 보건복지부장관
④ 시장 · 구청 · 구청장

191. 이 · 미용사 면허를 받을 수 있는 자가 아닌 것은?

① 고등학교에서 이용 또는 미용에 관한 학과를 졸업한 자
② 국가기술자격법에 의한 이용사 또는 미용사 자격을 취득한자.
③ 보건복지부 장관이 인정하는 외국인 이용사 또는 미용사 자격
  소지자
④ 전문대학에서 이용 또는 미용에 관한 학과 졸업자

192. 다음 중 면허취소를 취소하거나 6개월 이내의 기간을 정하
여 면허를 정지할 수 있는 경우에 해당되지 않는 것은 무엇
인가?

① 면허증을 다른 사람에게 대여한 때
② 마약 기타 대통령령으로 정하는 약물 중독자
③ 이 법 또는 이 법규에 의한 명령에 위반한 때
④ 공중의 위생에 영향을 미칠 수 있는 감염병 환자

193. 감염병 관리상 그 관리가 가장 어려운 대상은?

① 만성감염병 환자
② 급성감염병 환자
③ 건강보균자
④ 감염병에 의한 사망자

193
_____

감염에 의한 임상증상이 전혀
없는 건강보균자는 건강인과
다름없는 외관 때문에 아주 건
강해 보이므로 관리가 가장 어
렵다.

194. 다음 중 부적당한 조명으로 오는 피해가 아닌 것은?

① 안질
② 근시
③ 작업능률 저하
④ 정신적 불쾌감

194
_____

안질은 부적당한 조명이 아닌
미생물에 의한 감염이다.

187. ③ **188.** ② **189.** ④ **190.** ④ **191.** ④ **192.** ④ **193.** ② **194.** ①

195

미생물 번식의 증식환경에 영향을 주는 것은 온도, 산소, 수분, 수소이온농도, 삼투압, 영양원이 있다.

195. 일반적인 미생물의 번식에 가장 중요한 요소로만 나열된 것은?

① 온도 – 적외선 – PH
② 온도 – 습도 – 자외선
③ 온도 – 습도 – 영양분
④ 온도 – 습도 – 시간

196. 보건행정의 제 원리에 관한 것으로 맞는 것은?

① 일방행정원리의 관리과정적 특성과 기획과정은 적용되지 않는다.
② 의사결정과정에서 미래를 예측하고, 행동하기 전의 행동계획을 결정한다.
③ 보건행정에서는 생태학이나 역학적 고찰이 필요 없다.
④ 보건행정은 공중보건학에 기초한 과학적 기술이 필요하다.

197

소독제의 조건은 취급 방법이 용이해야 하며, 소독 후 즉시 효과를 나타낼 것, 강한 살균력, 저렴함, 간편한 구입, 독성이 없으며 안전성이 있을 것 등이 있다.

197. 소독에 사용되는 약제의 이상적인 조건은?

① 살균하고자 하는 대상물을 손상시키지 않아야 한다.
② 취급 방법이 복잡해야 한다.
③ 용매에 쉽게 용해해야 한다.
④ 향기로운 냄새가 나야 한다.

198

공중보건의 정의 : 질병을 예방하고 생명을 연장할 뿐 아니라 신체적, 정신적 효율을 증진시키는 기술이며 과학이다.

198. 다음 중 공중보건의 정의는?

① 조기치료, 생명연장, 건강증진의 기술과학
② 조기발견, 질병예방, 건강증진의 기술과학
③ 질병예방, 생명연장, 건강증진의 기술과학
④ 생명연장, 건강증진, 조기발견의 기술과학

199. 알코올 소독의 미생물 세포에 대한 주된 작용기전은?

① 할로겐 복합물 형성
② 단백질 변성
③ 효소의 완전 파괴
④ 균체의 완전 융해

200. 바이러스에 대한 일반적인 설명으로 옳은 것은?

① 항생제에 감수성이 있다.
② 광학현미경으로 관찰이 가능하다.
③ 핵산 DNA 와 RNA 둘 다 가지고 있다.
④ 바이러스는 살아있는 세포 내에서만 증식 가능하다.

201. 다음 중 점빼기 · 귓불 뚫기 · 쌍꺼풀수술 · 문신 · 박피술 그 밖에 이와 유사한 의료행위를 할 때 3차 위반 시의 행정처분 기준은 무엇인가?

① 경고 또는 개선 명령
② 영업정지 2월
③ 영업정지 3월
④ 영업장 폐쇄명령

202. 다음 중 기후의 3대 요소로 알맞은 것은 무엇인가?

① 기습, 기류, 복사량
② 기온, 기습, 기류
③ 기온, 기습, 강우량
④ 기온, 강우량, 복사량

199

알코올 소독은 단백질의 응고 작용에 영향을 미친다.

200

바이러스는 살아있는 세포 내에서만 증식하며 핵산은 DNA 나 RNA 하나만 가지고 있기 때문에 DNA 바이러스 또는 RNA 바이러스로 분류한다.

201

행정처분기준
1차위반 시 : 영업정지 2월
2차위반 시 : 영업정지 3월
3차위반 시 : 영업장 폐쇄명령

---

195. ③ **196.** ④ **197.** ① **198.** ③ **199.** ② **200.** ④ **201.** ④ **202.** ②

Part
04   화장품학   적/중/예/상/문/제

01

제2조 1항 화장품의 정의
"화장품"이라 함은 인체를 청
결, 미화하여 매력을 더하고 용
모를 변화시키거나 피부, 모발
의 건강을 유지 또는 증진하기
위하여 인체에 사용되는 물품
으로서 인체에 대한 작용이 경
미한 것을 말한다.

02

화장품 : 정상인의피부청결,미
화,보호를위해장기적으로사용
가능한물품
의약외품 : 정상인이사용하는
물품중에서어느정도의약리학
적효능,효과를나타내기위해장
기적또는단기적으로사용하는
물품을말한다.
의약품-환자에게질병치료또는
진단을목적으로일정기간사용
하는약품을말한다.

03

화장품 4대 요건은 안전성, 안
정성, 사용성, 유효성을 말한다.

01. 화장품의 정의(화장품법 제2조 1항)에 대한 내용 중 관련되지
않는 것은?

① 화장품은 인체를 청결하기 위해 사용한다.
② 화장품은 인체에 대한 작용이 경미한 것을 말한다.
③ 화장품은 피부의 건강을 유지 또는 증진시키기 위해 사용한다.
④ 화장품은 피부의 건강을 치료하고 회복하기 위해 사용한다.

02. 화장품, 의약외품, 의약품에 대한 설명 중 바른 것은?

① 의약외품은 진단과 치료를 목적으로 한다.
② 화장품은 장기간 사용해도 된다.
③ 의약품은 정상인이 사용하는 것이다.
④ 화장품은 피부과의사의 처방을 받아야 한다.

03. 화장품을 만들때 필요한 4대 조건은?

① 안전성, 안정성, 사용성, 유효성
② 안전성, 방부성, 방향성, 유효성
③ 발림성, 안정성, 방부성, 사용성
④ 방향성, 안전성, 발림성, 사용성

04. 화장품의4대 요건이 아닌 것은?

① 안전성
② 활용성
③ 사용성
④ 안정성

05. 화장품의 분류와 제품이 틀리게 연결된 것은?

① 기초화장품-클렌징제품, 에센스, 크림류
② 메이크업화장품-메이크업베이스, 파운데이션
③ 방향화장품-향수, 데오도란트
④ 바디화장품-바디로션, 바디샴푸, 선탠오일

05

데오도란트는 땀의분비를 억제하는 제품으로 바디화장품에 속한다.

06. 기초화장품의 사용목적과 기능으로 옳은 것은?

① 피부보호
② 결점커버
③ 피부치료
④ 각질제거

06

기초화장품의 사용목적은 세정, 보호, 정돈이다.

07. 화장품의 수성원료가 아닌 것은?

① 지방알콜
② 정제수
③ 에탄올
④ 다가알콜

07

지방알콜은 합성오일에 속하는 유성원료이다.

08. 알코올의 기능에 대한 내용 중 바르지 않은 것은?

① 수렴, 살균, 소독의 기능이 있다.
② 휘발성이있으나함량이높아도건조하거나민감해지지않는다.
③ 화장품에사용되는알콜중에탄올을주로사용한다.
④ 화장수, 아스트린젠트, 향수 등에 사용한다.

08

알코올은 휘발성이 있어서 청량감을 부여하나 화장품에 함량이 높으면 탈지, 탈수현상을 일으킬 수도 있다.

01. ④ **02.** ② **03.** ① **04.** ② **05.** ③ **06.** ① **07.** ① **08.** ②

09

천연보습인자에서 가장 많이 함유되어 있는 성분은 아미노산aminoacid40%이다.

10

솔비톨은 보습제의 종류 중 다가알코올에 해당하며 피부의 자극이 거의 없다. 글리세린의 대체물질로 사용되며 보습력이 매우 뛰어나다. 고가의 흡습제로 사용된다. 끈적임이 강하다.

11

바세린은 광물성오일이다.

12

밍크오일 : 밍크의피하지방
스쿠알란 : 상해상어간유
미네랄오일 : 광물성오일(석유)

---

09. 천연보습인자에 대한 설명으로 적합하지 않은 것은?

① N.M.F를 말한다.
② 각질층에 존재하는 수용성 성분들을 말한다.
③ 수분증발을 억제하고 건조함을 막아준다.
④ 구성성분 중에서 요소(Urea)가 가장 많이 함유되어 있다.

10. 글리세린의대체물질로사용할수있으며보습,유연작용을하는보습성분은?

① 아미노산
② 콜라겐
③ 솔비톨
④ 프로필렌글리콜

11. 다음 유성원료 중 식물성오일에 속하지 않는 것은?

① 피마자유
② 바세린
③ 올리브유
④ 아보카도유

12. 동물성오일 중 양털에서 추출한 오일은?

① 밍크오일
② 라놀린
③ 스쿠알란
④ 미네랄오일

13.캐리어오일 중 액체상 왁스에 속하고, 인체피지와 지방산의 조성이 유사하여 피부 친화성이 좋으며, 다른 식물성오일에 비해 쉽게 산화되지 않아 보존안전성이 높은 것은?

① 아몬드오일
② 호호바오일
③ 아보카도오일
④ 맥아오일

14. 화장품성분 중 기초화장품이나 메이크업화장품에 널리 사용되는 고형의 유성성분으로 화학적으로는 고급지방산에 고급 알코올이 결합된 에스테르이며, 화장품의 굳기를 증가시켜주는 원료에 속하는 것은?

① 밀납
② 바셀린
③ 실리콘
④ 폴리에틸렌글리콜

15. 캐모마일에서 얻은 물질로 항염, 항알레르기, 진정, 상처치유에 대한 효과가 있는 것은?

① 알로에
② 클로로필
③ 알란토인
④ 아줄렌

16. 다음 중 피지를 조절하고 박테리아 성장을 억제하는 기능이 있는 성분은?

① 카오린
② 티트리
③ 살리실산
④ 레몬

14

왁스를 말하며 밀납은 벌꿀에서 추출한다. 그밖에 양모에서 추출한 라놀린, 야자나무에서 추출한 카르나우바 왁스가있다.

15

알로에 : 선인장에서 추출
클로로필 : 녹색식물류에서 추출
알란토인 : 컴프리뿌리나 구더기에서 추출

16

살리실산은 각질탈락, 피지조절, 박테리아 성장억제기능을하며, 카오린은 피지조절, 티트리는 박테리아 성장 억제를 한다.

09. ④ **10.** ③ **11.** ② **12.** ② **13.** ② **14.** ① **15.** ④ **16.** ③

17

솔비톨은 보습성분이다.

18

과거에는 소의 태반에서 추출
하였으나 현재에는 식물에서
추출한다.

19

아줄렌, 비사볼롤은 캐모마일에
서 얻어진다. 벤토나이트는 피
지흡착기능이 있는 성분이다.

20

레티놀은 주름개선에 도움을
주는 기능성 화장품 고시원료
이다.

17. 각질제거에 효과가 있는 성분이 아닌 것은?

① A.H.A
② 유황
③ 솔비톨
④ 살리실산

18. 소의 태반에서 추출하며 비타민과 호르몬을 함유하고 있다.
신진대사와 혈액순환을 촉진하고 재생에 효과적인 성분은?

① 플라센타
② 레시틴
③ 히아루로닉엑시드
④ 콜라겐

19. 다음 중 해독, 항알레르기, 항염, 상처치유촉진, 항알레르기
작용을 하며 콩과 식물에 뿌리와 줄기에서 추출하는 성분
은?

① 감초추출물
② 아줄렌
③ 비사볼롤
④ 벤토나이트

20. 다음 중 색소침착피부에 효과적인 성분이 아닌 것은?

① 상백피
② 알부틴
③ 레티놀
④ 코직산

21. 화장품의 점도를 조절하는 성분은?

① 메틸파라벤
② 글리세롤
③ 카보머
④ 바세린

21

메틸파라벤 : 방부제성분
글리세롤 : 보습제로 사용
바세린 : 광물성오일

22. 다음 중 방부제의 기능 및 효과인 것은?

① 화장품이 산패되는 것을 방지한다.
② 화장품의 Ph를 조절한다.
③ 화장품의 부패를 방지한다.
④ 유성성분이 공기 중에 산소에 의해 산화되는 것을 방지한다.

22

방부제의 기능 및 효과 : 산화
방지제기능(화장품이 산패되는
것을 방지, 유성성분이 공기 중
에 산소에 의해 산화되는 것을
방지), Ph조절제 기능

23. 다음 중 산화방지제에 대한 설명으로 적합한 것은?

① 화장품 내에 세균이 번식하는 것을 방지한다.
② 화장품이 산패되는 것을 방지하기 위해서 사용한다.
③ 화장품의 향을 좋게 하기위해 사용한다.
④ 화장품의 변질을 방지하기위해 사용한다.

23

①, ④은 방부제의 기능이며,
③은 방향제에 대한 설명이다.

24. 계면활성제에 대한 설명으로 적합하지 않은 것은?

① 한분자 내에 친수성기와 친유성기를 함께 가지고 있다.
② 성질이 다른 친유성기와 친수성기가 섞이지 않도록 하는 역할을
한다.
③ 기름을 좋아하는 친유성기는 꼬리부분으로 막대모양이다.
④ 물을 좋아하는 친수성기는 머리부분으로 둥근모양이다.

24

서로 성질이 다른 경계면을 잘
섞이게 하는 활성물질이다.

17. ③ **18.** ① **19.** ① **20.** ③ **21.** ③ **22.** ③ **23.** ② **24.** ②

25

W/O형은 오일베이스에 수분 입자가 들어있는 상태이며 유 중수형상태라고 한다.

26

양이온 계면활성제는 물에 용 해될 때 친수기성분이 양이온 을 나타내며 역성비누라고도 한다.

28

Hlb는 비이온계면활성제가 물 에 잘 녹는지 녹지 않는가 하 는 척도를 나타낸다. 지수가 낮 을수록 물에 잘 녹지 않고, 지 수가 높을수록 잘 녹는다. 지수 는 0~20으로 나타낸다.

25. 다음 계면활성제에 대한 설명 중 틀린 것은?

① 유화−W/O형은 수분베이스에 오일입자가 들어있는 상태이다.
② 가용화−계면활성제에 의해 투명하게 용해되는 상태를 뜻한다.
③ 분산−고체입자가 액체 속에 균일하게 혼합된 상태를 말한다.
④ Hlb−계면활성제가 물과 기름에 녹는 상대적 세기를 나타낸다.

26. 비교적 피부자극이 강하고 모발화장품에서 헤어린스나 트리트먼트, 정전기방지제로 사용되는 계면활성제의 종류는?

① 양쪽성 계면활성제
② 양이온성 계면활성제
③ 음이온성 계면활성제
④ 비이온성 계면활성제

27. 다음 중 계면활성제의 피부자극도에 따라 순서대로 나열 된 것은?

① 양이온성>음이온성>양쪽성>비이온성
② 음이온성>비이온성>양이온성>양쪽성
③ 비이온성>양쪽성>음이온성>양이온성
④ 양이온성>양쪽성>음이온성>비이온성

28. 계면활성제가 물에 잘 녹는지 녹지 않는지를 나타내는 척도는?

① Med
② Spf
③ Pa
④ Hlb

29. 크림의 유화형태의 특성에 대한 내용이다. 설명 중 틀린 것은?

① O/W형크림-물에 오일이 분산되어 있는 형태이다.
② O/W형크림-W/O형보다 유분감이 많아 수분증발을 억제한다.
③ W/O형크림-수분지속성은 우수하지만 퍼짐성은 낮다.
④ W/O형크림-건성, 노화피부에 효과적이다.

30. 첩보시험에 대한 설명으로 바른 것은?

① 사람의 얼굴에 실시하는 예비시험이다.
② 홍반, 부종, 가려움, 화끈거림, 따가움 등의 감각적인 자극 반응을 평가하는 방법이다.
③ 화장품의 변질이나 변색을 확인하기 위한 방법이다.
④ 화장품을 판매하기 위한 목적으로 시험한다.

31. 다음 중 기초화장품의 종류와 목적으로 바르게 연결된 것은?

① 세안화장품-화장품의 잔여물을 제거한다.
② 화장수-고농축되어 있는 활성성분이 수분과 영양을 공급한다.
③ 크림-노폐물을 제거하고 혈액순환을 촉진한다.
④ 팩, 마스크-피부보습, 수렴, 청량감을 부여한다.

32. 크림의 기능으로 설명이 바른 것은?

① 유효성분을 흡수시켜 피부를 개선하는데 도움을 준다.
② 혈액순환을 촉진하고 안색이 맑아진다.
③ 제거 시 노폐물이 제거된다.
④ 피막을 형성하여 외부와 일시적으로 차단한다.

29

O/W형은 물에 오일이 분산되어 있는 수중유형형태이며 촉촉함과 퍼짐성이 우수하지만 지속성이 낮다. ②의 내용은 W/O형 형태의 특징이며 수분지속성은 우수하지만 퍼짐성이 낮다.

30

첩보시험이란 패치테스트라고 하며 홍반, 부종, 가려움, 화끈거림, 따가움 등의 감각적인 자극반응을 평가 하는 방법이다. 사람의 팔이나 등 부위에 실시한다.

31

에센스 : 고농축되어 있는 활성성분이 수분과 영양을 공급한다.
팩, 마스크 : 노폐물을 제거하고 혈액순환을 촉진한다.
화장수 : 피부보습, 수렴, 청량감을 부여한다.

25. ① 26. ② 27. ① 28. ④ 29. ② 30. ② 31. ① 32. ①

33

염료는용매에녹고,안료는용매에녹지않는다.

34

펄안료 : 광택을 부여하고 질감을 변화시킨다.
착색안료 : 주성분으로 산화철, 레이크가 있고, 백색안료와 함께 커버력을 높인다.
체질안료의 주성분으로는 탈크, 카오린, 마이카 등이 있다.

35

베이스메이크업이 지워지지 않고 오래 유지할 수 있게 파우더로 마무리한다.

36

정발기능이란 모발을 원하는 형태로 만들고, 원하는 형태로 고정시키는 기능을 하는 제품을 말하며 헤어크림, 헤어로션, 헤어무스, 헤어젤 등을 포함한다.

---

33. 색조성분에 대한 설명 중 바른 것은?

① 염료와 안료 모두 용제에 녹는다.
② 염료와 안료 모두 용제에 녹지 않는다.
③ 염료는 용매에 녹고, 안료는 녹지 않는다.
④ 염료는 용매에 녹지 않고, 안료는 녹는다.

34. 체질안료에 대한 설명 중 바른 것은?

① 광택을 부여하고 질감을 변화시킨다.
② 화장품의 질을 결정하며 퍼짐성과 부착성을 조절한다.
③ 주성분으로는 산화철, 레이크가 있다.
④ 백색안료와 함께 커버력을 높인다.

35. 메이크업 화장품에 대한 설명이다. 그 연결이 바르지 않은 것은?

① 메이크업베이스-파운데이션의 밀착성을 높여준다.
② 파운데이션-피부의 결점을 커버하고 피부색상을 조절한다.
③ 파운데이션-베이스메이크업을 고정시킨다.
④ 파우더-번들거림을 막고 화사한 피부색을 연출한다.

36. 모발화장품과 그 기능이 바르게 연결된 것은?

① 세정기능-헤어샴푸, 헤어스프레이
② 정발기능-헤어크림, 헤어무스
③ 영양기능-헤어무스, 헤어젤
④ 양모기능-헤어린스, 헤어샴푸

37. 다음 중 피부상재균의 증식을 억제하는 항균기능을 가지고 있고, 발생한 체취를 억제하는 기능을 가진 것은?

① 바디샴푸
② 데오도란트
③ 샤워코롱
④ 오데토일렛

38. 전신관리 화장품에 대한 설명 중 바르지 않은 것은?

① 세정제 – 몸에 부착되어 있는 이물질을 제거하고 청결하게 한다.
② 트리트먼트제 – 몸을 보호하고 아토피를 치료한다.
③ 일소, 일소방지제 – 햇빛에 의하여 피부가 거칠어지고 트러블이 나는 것을 방지한다.
④ 일소, 일소방지제 – 선탠오일, 썬탠겔 등을 포함한다.

39. 네일케어용 제품에 대한 설명으로 바르지 않은 것은?

① 네일 에나멜 – 네일에 색을 지우고 피막을 제거한다.
② 베이스코트 – 에나멜이 착색되거나 변색되는 것을 막는다.
③ 톱 코트 – 에나멜의 내구성과 지속력을 높여준다.
④ 각피제거제 – 손, 발톱의 큐티클을 불려주는 기능을 한다.

40. 향수의 지속시간이 높은 순서대로 나열한 것은?

① 퍼퓸〉오데퍼퓸〉샤워코롱〉오데코롱〉오데토일렛
② 샤워코롱〉오데코롱〉오데토일렛〉오데토퍼퓸〉퍼퓸
③ 오데퍼퓸〉오데토일렛〉오데코롱〉샤워코롱〉퍼퓸
④ 퍼퓸〉오데퍼퓸〉오데토일렛〉오데코롱〉샤워코롱

37

데오도란트는 액취방지제로 신체에서 나는 불쾌한 냄새를 없애거나 방지하는 목적으로 사용된다.
바디샴푸는 세정작용, 샤워코롱과 오데토일렛은 방향성제품이기는 하나 항균기능을 가지고 있지는 않다.

38

트리트먼트제는 몸을 보호하는 기능은 있으나 아토피를 치료하지는 않는다.

39

네일 에나멜은 네일을 보호하고 네일에 색과 광택을 부여한다. 색을 지우고 피막을 제거하는 제품은 에나멜 리무버이다.

40

구분	향의 농도	지속시간
퍼퓸	15~30%	6-7시간
오데 퍼퓸	9~12%	5-6시간
오데 토일렛	6~8%	3-5시간
오데 코롱	3~5%	1-2시간
샤워 코롱	1~3%	1시간

33. ③ 34. ② 35. ③ 36. ② 37. ② 38. ② 39. ① 40. ④

49

레시틴은 천연유화제로 사용되며 리포솜의 원료이다.

50

아미노산은 천연보습인자이며 보습의 효과가 우수하다.

51

제2조1항 화장품의 정의 "화장품"이라 함은 인체를 청결, 미화하여 매력을 더하고 용모를 변화시키거나 피부, 모발의 건강을 유지 또는 증진하기 위하여 인체에 사용되는 물품으로서 인체에 대한 작용이 경미한 것을 말한다.

49. 티로시나아제 활성을 억제하고 멜라닌 생성을 억제하는 기능이 있는 미백 성분이 아닌 것은?

① 코직산
② 뽕나무 추출물
③ 레시틴
④ 비타민C

50. 주름을 개선하고 탄력을 증대시키는 효과가 있는 성분이 아닌 것은?

① 아데노신
② 아미노산
③ 레티놀
④ 레티닐팔미테이트

51. 화장품의 정의에 대한 내용 중 바른 것은?

① 피부의 건강을 유지증진하기 위해서 사용한다.
② 수술 후 회복을 위해 사용한다.
③ 모발에 사용하지는 않는다.
④ 용모를 변화시키는 목적으로 사용하지 않는다.

52. 다음 보기의 내용은 무엇에 관한 설명인가?

▼

정상인이 사용하는 물품 중에서 어느 정도의 역리학적 효능, 효과를 나타내기 위해 장기적 또는 단기적으로 사용하는 물품이다. 부작용이 없어야 하며 특정 부위에 사용가능하다. ex) 구강청정제, 치약, 제모제 등

① 화장품
② 의약외품
③ 기능성화장품
④ 의약품

53. 화장품의 4대 요건에 관련 내용 중 잘못 설명된 것은?

① 안전성:미생물 오염이 없어야 한다.
② 안정성:화장품이 변질이 되거나 변색이 되면 안 된다.
③ 유효성:피부에 보습, 노화억제, 자외선차단, 미백, 세정, 색채 효과 등이 있어야 한다.
④ 사용성:피부에 바를 때 잘 스며들고 발림성이 좋아야 한다.

54. 다음은 화장품의 요건 중 어느 것에 대한 내용인가?

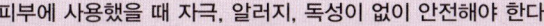

피부에 사용했을 때 자극, 알러지, 독성이 없이 안전해야 한다.

① 안전성
② 안정성
③ 방부성
④ 유효성

55. 기초화장품의 기능에 해당하지 않는 것은?

① 세정의 효과
② 보호의 효과
③ 결점커버의 효과
④ 정돈의 효과

56. 화장품 분류에서 기초화장품인 것은?

① 수렴화장수, 에센스, 크림, 마스크
② 메이크업베이스, 리퀴드화운데이션, 파우더
③ 비누, 바디샴푸, 바디로션
④ 유연화장수, 선탠오일, 샤워코롱

49. ③ **50.** ② **51.** ① **52.** ② **53.** ① **54.** ① **55.** ③ **56.** ①

53

안전성이란 피부에 사용했을 때 자극, 알러지, 독성이 없고 안전해야하는 요건을 말한다. 미생물 오염이 없어야 하는 요건은 화장품의 안정성에 대한 요건이다.

54

안정성:화장품이 변질이 되거나 변색이 되면 안 된다.
유효성:피부에 보습, 노화억제, 자외선차단, 미백, 세정, 색채 효과 등이 있어야 한다.
사용성:피부에 바를 때 잘 스며들고 발림성이 좋아야 한다.

55

결점커버의 효과는 메이크업 화장품의 기능에 속한다.

56

② 메이크업화장품
③ 전신관리화장품에 속한다.
④ 샤워코롱은 향수에 해당된다.

57

화장품이나 식품, 약품에 사용되는 알코올은 에탄올이다.

58

②는 자외선차단제에 대한 설명이다.

59

알파 : 히드록시산은 각질제거제, 메틸파라벤은 방부제이다.

60

알부틴은 미백성분이다.

61

동물성오일은 피부흡수율이 좋으나 부작용 가능성이 있다.

57. 화장수에서 가장 많이 사용되는 알코올성분은?

① 에탄올
② 메탄올
③ 부탄올
④ 다가알콜

58. 보습제에 대한 설명 중 바르지 않은 것은?

① 수분증발을 억제하고 건조함을 막아준다.
② 자외선을 차단하고 색소침착을 방지한다.
③ 성분에 따라 고농도함유 시 수분을 오히려 빼앗길 수 있다.
④ 피부를촉촉하게하고피부에자극이없어야한다.

59. 다음 중 피부에 수분을 공급하는 보습제 기능을 가지는 것은?

① 계면활성제
② 알파-히드록시산
③ 글리세린
④ 메틸파라벤

60. 다음 중 보습제에 기능을 하는 성분이 아닌 것은?

① 솔비톨
② 알부틴
③ 아미노산
④ 프로필렌글리콜

61. 유성원료에 대한 내용 중 바르지 않은 것은?

① 식물의 잎이나 열매에서 추출한 오일을 식물성오일이라고 한다.
② 동물에서 추출한 오일은 피부흡수력이 좋고 부작용이 거의 없다.
③ 광물성오일은 피부흡수율이 낮다.
④ 호호바오일은 식물성오일중에서 피지와 가장유사하여 피부친화력이 좋다.

62. 다음 중 광물성오일로서 수분증발을 억제하는 성분은?

① 올리브유
② 바세린
③ 피마자유
④ 밀배아유

63. 다음 중 합성오일인 것은?

① 바세린
② 미네랄오일
③ 실리콘
④ 지방산

64. 각질 세포간 지질의 주성분으로 각질과 각질사이의 접착제역할을 하는 화장품원료는?

① 세라마이드
② 레시틴
③ 아미노산
④ 엘라스틴

65. 다음 중 예민하거나 민감한 피부에 효과적인 성분이 아닌 것은?

① 비타민K
② 벤토나이트
③ 알란토인
④ 비타민P

62

올리브유, 피마자유, 밀배아유는 식물성오일이다.

63

바세린, 미네랄오일, 실리콘은 광물성오일이다.

64

세라마이드는 수분증발을 막고 유해물질의 침투를 억제하여 피부의 보호막역할을 한다.

65

벤토나이트는 피지흡착기능이 우수하여 지성, 여드름피부에 효과적이다.

57. ① **58.** ② **59.** ③ **60.** ② **61.** ② **62.** ② **63.** ④ **64.** ① **65.** ②

66

알부틴은 미백에 효과가 있는 성분이다.

67

레시틴은 친수성이며 수분을 끌어당긴다. 또한 피부에 유연감을 부여하고 천연유화제로 사용되며 계란과 콩에서 추출한다.

68

비타민e는 토코페롤이라 말한다. 지용성비타민이며 대표적인 항산화제로 사용된다.

69

토코페롤, 엘라스틴, 콜라겐은 건성, 노화피부에 효과적인 성분이다.

70

사탕수수에서 추출하며 침투력이 우수한 것은 글라이콜릭산에 대한 설명이다. 젖산은 발효우유에서 추출하며 보습효과가 뛰어나다.

---

66. 민감성피부관리의 마지막단계에 사용될 보습제로 적합한 성분이 아닌 것은?

① 알란토인
② 알부틴
③ 아줄렌
④ 알로에베라

67. 다음 중 성분과 그 효능에 대한 설명 중 잘못 된 것은?

① 알로에는 항염, 진정작용을 한다.
② 솔비톨은 글리세린 대체물질로 사용된다.
③ 해초는 겔형성을 위한 점증제로 사용된다.
④ 레시틴은 리포좀의 원료이며 친유성이다.

68. 다음 중 항산화 작용이 뛰어나고 재생 효과가 우수해서 항노화 예방에 가장 큰 도움을 주는 성분은?

① 아줄렌
② 비타민e
③ A.H.A
④ 살리실산

69. 지성피부의 활성성분으로 적합한 것은?

① 유황
② 토코페롤
③ 엘라스틴
④ 콜라겐

70. A.H.A의 설명 중 바르지 않은 것은?

① Alpha Hydroxy Acid의 약자이다.
② 젖산은 사탕수수에서 추출하며 침투력이 우수하다.
③ 보조산으로는 사과산, 구연산, 주석산이 있다.
④ 과일, 채소에서 추출한 천연산을 말한다.

71. 다음 중 화장품에 사용하는 방부제가 아닌 것은?

① 잔탄검(Xanthangum)
② 부틸파라벤(Buthylparaben)
③ 에틸파라벤(Etylparaben)
④ 이미다조리디닐우레아(Imidaxollidinylurea)

72. 다음 중 화장품의 성분과 그 작용에 대한 설명이 옳지 않은 것은?

① 방부제–화장품의 부패를 억제하고 변질을 방지한다.
② 점증제–화장품의 끈적임을 방지하기 위해 사용한다.
③ Ph조절제–화장품의 Ph를 조절하기 위해 사용된다.
④ 보습제–피부의 건조를 방지하고 수분을 공급하는 물질이다.

73. 계면활성제에 대한 설명으로 옳은 것은?

① 계면활성제는 일반적으로 둥근모양의 소수성기와 막대꼬리모양의 친수성기를 가진다.
② 계면활성제의 피부에 대한 자극은 양쪽성 · 양이온성 · 음이온성 · 비이온성의 순으로 감소한다.
③ 비이온성 계면활성제는 피부자극이 적어 화장수의 가용화제, 크림의 유화제, 클렌징크림의 세정제 등에 사용된다.
④ 양이온성 계면활성제는 세정작용이 우수하여 비누, 샴푸 등에 사용된다.

74. 계면활성제의 기본 작용 중 틀린 것은?

① 분산작용
② 기포작용
③ 유화작용
④ 보습작용

71

잔탄검은 화장품에 점성을 조절하기 위해 사용하는 점도조절제이다.

72

점증제는 화장품의 점도를 조절하기 위해 사용한다.

73

① 계면활성제는 일반적으로 '둥근모양의 친수성기와 막대꼬리모양의 친유성기(소수성기)를 가진다.'
② 피부에 대한 자극은 '양이온성〉음이온성〉양쪽성〉비이온성'의 순으로 감소한다.
④ '음이온성 계면활성제'는 세정작용이 우수하여 비누, 샴푸 등에 사용된다.

74

보습작용은 보습제의 기능이며 계면활성제는 유화, 가용화, 분산, 기포, 세정의 기능을 가진다.

---

66. ② **67.** ④ **68.** ② **69.** ① **70.** ② **71.** ① **72.** ② **73.** ③ **74.** ④

75

W/O형은 오일베이스에 수분 입자가 들어있는 상태이며 유중수형 상태라고 한다.

75. W/O형 크림의 주성분으로 맞는 것은?

① 물
② 오일
③ 알콜
④ 유화제

76

물에 용해될 때 이온화되지 않기 때문에 비이온성 계면활성제라고 피부자극이 적다.

76. 피부자극이 적어 기초화장품에 많이 사용하는 계면활성제는 무엇인가?

① 양쪽성 계면활성제
② 양이온성 계면활성제
③ 음이온성 계면활성제
④ 비이온성 계면활성제

77. 다음 중 계면활성제의 세정력에 따라 순서대로 나열된 것은?

① 비이온성〉양쪽성〉음이온성〉양이온성
② 양이온성〉양쪽성〉음이온성〉비이온성
③ 양이온성〉음이온성〉양쪽성〉비이온성
④ 음이온성〉양이온성〉양쪽성〉비이온성

78

분산이란 고체입자를 액체성분에 균일하게 혼합시키는 것을 말한다.

78. 파운데이션, 마스카라 등 메이크업 제품에 적용되는 계면활성제의 작용은?

① 보습제
② 분산제
③ 유화제
④ 가용화제

79. 다음은 계면활성제의 어떤 작용에 대한 설명인가?

▼

물에 소량의 오일이 계면활성제에 의해 투명하게 용해되어 있는 상태를 말한다.
ex) 화장수, 향수 등

① 유화
② 가용화
③ 분산
④ 침투

80. 다음 중 에멀전(Emulsion)에 대한 설명으로 적합한 것은?

① 물과 기름이 섞이지 않고 분리되어 있는 형태
② 고체입자를 액체성분에 균일하게 혼합해 놓은 형태
③ 서로 잘 섞이지 않은 두 가지 물질이 균일하게 섞여있는 형태
④ 두 가지 이상의 액체가 같은 농도의 한 액체로 섞여있는 형태

81. 다음 중 유연화장수의 기능으로 바른 것은?

① Ph조절
② 수렴
③ 피지조절
④ 각질제거

82. 팩, 마스크의 종류와 기능에 대한 내용 중 틀린 것은?

① 필오프타입은 건조되는 동안 탄력을 주고 물로 깨끗이 닦아내는
타입이다.
② 시트타입은 얼굴 위에 올려놓았다가 시트를 떼어나는 타입이다.
③ 젤타입은 투명한 형태로 보습, 진정효과가 있고 시원한 느낌을
주며 워시오프타입이다.
④ 티슈오프타입은 티슈로 닦아내는 타입이다.

80

에멀전이란 두 가지 섞이지 않는 액체를 유화제로 섞이게 하는 것을 말하며 염색제를 제거하여 색상의 통일성을 극대화하기위한 작업이다.

81

수렴과 피지조절은 수렴화장수의 기능. 각질제거는 각질제거제의 기능이다.

82

필오프타입은 피막을 떼어내는 타입이다.

75. ② **76.** ④ **77.** ④ **78.** ② **79.** ② **80.** ③ **81.** ① **82.** ①

Part 05 네일미용 기술 적/중/예/상/문/제

01. 네일 서비스 시 사용하는 재료 및 기구의 설명이 바른 것은?

① Uv Sterilizer(자외선 살균 소독기):네일 도구를 소독제에 담가
소독하는 용기, 유리 재질로 되어 있다.
② Airbrush Gun(에어브러시 건):에어브러시 작업에 필요한 공기
를 만들어내는 기계이다.
③ Metal Pusher(메탈 푸셔):금속성분의 재질로 큐티클을 밀어 올
릴 때 사용되는 도구
④ Con Cutter(콘 커터):페디큐어 시술 시 발바닥의 굳은살을 제거
하기 위한 도구, 면도날은 재사용이 가능하다.

02. 컬러링 시 폴리시의 지속성과 완성도를 높이기 위해서 (   )가
장자리 끝부위를 꼼꼼하게 바른다. 위 (   )안에 들어갈 말은
무엇인가?

① 네일 월
② 큐티클 라인
③ 프리에지
④ 네일 그루브

03. 손톱에 도포하는 유색 네일 화장품으로 네일 에나멜, 네일 컬
러, 네일 락카 등으로도 불리는 것은 다음 중 무엇인가?

① 네일 폴리시
② 폴리시 띠너
③ 베이스 젤
④ 네일 보강제

04. 폴리시에 대한 설명으로 틀린 것은?

    ① 폴리시는 인화성 물질이다.
    ② 폴리시는 굳지 않으므로 사용 후 열어놓아도 된다.
    ③ 폴리시는 보통 2~3회 정도 발라준다.
    ④ 폴리시는 열에 직접적으로 노출되지 않도록 주의해야 한다.

05. 다음 컬러링의 종류 중 큐티클 라인에서 프리에지 방향으로 갈수록 색이 점차 진해지는 것은?

    ① 그라데이션
    ② 스마일 라인
    ③ 프렌치 라인
    ④ 슬림 라인

06. 다음은 라운드 네일에 대한 설명이다. 옳지 않은 것은 무엇인가?

    ① 한 쪽 방향으로만 파일링한다.
    ② 양 쪽 방향을 번갈아가며 좌우대칭이 맞도록 파일링한다.
    ③ 스트레스 포인트부터 일정부분 직선이 유지되어야 한다.
    ④ 원의 일부를 옮겨 놓은 듯 손톱 끝부분을 부드럽게 파일링

07. 파일의 각도가 90°로 활동적이며 트렌디한 이미지를 주는 네일의 모양은?

    ① 라운드 네일
    ② 오발 네일
    ③ 스퀘어 네일
    ④ 라운드 스퀘어 네일

01. ③ **02.** ③ **03.** ① **04.** ② **05.** ① **06.** ② **07.** ③

04

폴리시는 굳는 것을 방지하기 위해 사용 후 병의 입구를 닦아서 보관해야 한다.

06

• 자연 손톱의 파일링은 언제나 한 방향으로만 허용한다.
• 손톱 끝 앞선이 원의 일부를 가져다 놓은 듯 둥글게 표현한다.
• 측면의 사이드 스트레이트 부분은 직선이 유지되어야 한다.

08. 다음 중 프리에지 부분을 제외한 손톱 바디에 컬러링을 하는 스타일은?

① 프렌치
② 풀 코드
③ 슬림 라인
④ 프리에지

09. 다음 컬러링 방법 중 틀린 것은?

① 네일 컬러링 서비스는 고객의 연령, 생활습관, 평소 패션스타일, 직업, 고객의 컬러링 선호도 등을 조사하고 참고하여 최신 네일 트렌드 경향과 접목시켜 시술해야 한다.
② 네일 컬러링 서비스 시술에 있어 폴리시가 뭉치거나 결이가지 않도록 폴리시브러시를 55°각도를 유지하여 고르게 펴 발라주는 것이 중요하다.
③ 팔라쉬 농도가 짙어졌을 때에는 뚜껑이 닫힌 컬러병을 양손 바닥으로 감싼 뒤 좌우로 돌려주어야 한다.
④ 네일 컬러링 서비스가 종료된 후에는 폴리시의 병 입구를 깨끗하게 닦아서 보관해야 폴리시가 굳는 것을 예방할 수 있다.

10. 다음 중 프리에지 부분을 제외한 부분만 컬러링하는 기법은 무엇인가?

① 슬림라인
② 루눌라
③ 프렌치
④ 프리에지

11. 다음 중 연결이 잘못 된 것은?

① 더스트 브러시 - 손톱 표면의 먼지를 제거할 때 사용한다.
② 필러파우더 - 상처부위의 혈액응고를 위해 뿌려준다.
③ 핫 로션 매니큐어 - 파라핀 매니큐어와 비슷한 효과가 있다.
④ 라이트 글루 - 인조손톱 시술에 사용되는 네일 전용 접착제이다.

09

폴리시가 뭉치거나 결이 가지 않도록 하려면 폴리시브러시를 45°각도를 유지해야 한다.

11

상처부위의 혈액응고를 위해 뿌려주는 것은 지혈제이다.

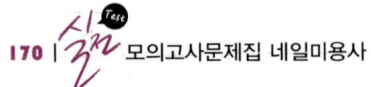

12. 자연 손톱에 사용하는 파일의 그리트로 적당한 것은 무엇인가?

① 40~80 Grit
② 80~100 Grit
③ 180~250 Grit
④ 300~400 Grit

그리트의 숫자가 낮을수록 파일의 입자가 거칠고 강하며, 높을수록 파일의 입자가 곱고 부드럽다. 자연 네일에는 180~220그리트의 파일을 적용시킬 수 있다.

13. 다음은 안티셉틱에 대한 설명이다. 옳은 것은 무엇인가?

① 확실한 효과를 위해 가까이에서 뿌려주어야 한다.
② 글루와 반응하여 뜨거울 수도 있다.
③ 폴리시를 빨리 건조시켜준다.
④ 피부 소독제이며 시술자와 피시술자 모두 사용 가능하다.

모든 네일관리의 시술 전에는 소독과 위생을 위해 시술자와 피시술자 모두 안티셉틱을 이용해 소독을 해야 한다.

14. 다음 중 20볼륨의 과산화수소와 구연산으로 구성된 제품으로 손톱 표면을 탈색시켜 미백을 돕는 제품은?

① Nail Bleach
② Light Glue
③ Nail Hardener
④ Dusty Brush

Nail Bleach(네일 미백제)는 외부오염 물질로부터 누렇게 변색된 손톱 표면을 탈색시켜 미백을 돕는다.

15. 다음 중 시술 시 출혈이 발생 할 경우 피를 멈춰주고 균이 들어가지 않게 해주는 재료는 무엇인가?

① 안티셉틱
② 알코올
③ 지혈제
④ 라이트 글루

08. ④ **09.** ② **10.** ④ **11.** ② **12.** ③ **13.** ④ **14.** ① **15.** ③

16

오니코크립토시스는 발톱이 살 속으로 파고들어 염증을 동반하는 증상이다.

17

토우 세퍼레이터는 패디큐어 시술 시 발가락 사이에 끼우는 도구이다.

19

발톱이 살 속으로 파고들어가는 '오니코크립토시스'예방을 위해 스퀘어 모양으로 쉐입을 잡는다.

20

발은 신체 건강의 근원이며 '제2의 심장'이라고 칭할 만큼 우리 신체의 건강상태와 발의 건강은 깊은 연관성을 갖는다. 발 관리를 통하여 혈액순환을 촉진시키고 대사능력을 활성화시켜 발 근육의 스트레스를 감소시키고 건강하고 아름다운 발을 유지할 수 있도록 한다.

16. 다음 중 오니코크립토시스 증상을 예방하기 위한 발톱의 모양은?

① 라운드 스퀘어 네일
② 라운드 네일
③ 오발 네일
④ 스퀘어 네일

17. 매니큐어 시술 시 필요하지 않는 재료는?

① 리무버
② 안티셉틱
③ 지혈제
④ 토우 세퍼레이터

18. 다음 중 컬러링 순서가 바른 것은?

① 톱 코트 바르기 – 베이스 코트 바르기 – 폴리시 바르기
② 톱 코트 바르기 – 폴리시 바르기 – 베이스 코트 바르기
③ 베이스 코트 바르기 – 폴리시 바르기 – 톱 코트 바르기
④ 베이스 코트 바르기 – 톱 코트 바르기 – 폴리시 바르기

19. 패디큐어 시술에 대한 설명 중 맞는 것은?

① 발톱의 쉐입은 스퀘어로 한다.
② 큐티클은 콘 커터로 제거한다.
③ 발톱의 모양은 마음대로 해도 된다.
④ 티눈이 있는 경우 콘 커터로 제거한다.

20. 발 관리의 효과가 아닌 것은?

① 혈액순환 촉진
② 대사능력 활성화
③ 발 근육의 스트레스 감소
④ 티눈 예방

21. 패디큐어 시술 중 제품의 오염을 방지하기 위하여 큐티클 오일을 덜어낼 수 있게 도와주는 도구는 다음 중 무엇인가?

① 푸셔
② 오렌지 우드스틱
③ 스파튤러
④ 스포이트

22. 습식매니큐어 시술 중 설명이 틀린 것은?

① 손톱의 모양을 잡을 때는 손톱의 쉐입을 먼저 잡아준 후 길이를 조절한다.
② 큐티클과 프리에지 주변에 남아있는 폴리시 잔여물은 오렌지 우드스틱을 이용하여 닦는다.
③ 푸셔와 니퍼로 큐티클을 정리할 때는 루눌라부분의 표면이 긁혀서 손톱이 변형되지 않도록 주의해야 한다.
④ 베이스 코트는 네일 영양제로 대체해도 무방하다.

23. 다음 중 습식매니큐어의 재료가 아닌 것은?

① 핑거볼
② 핸드로션
③ 솜
④ 필러 파우더

24. 다음은 패디큐어 시술에 대한 설명이다. 옳은 것은?

① 발톱의 파일링은 한쪽 방향으로 한다.
② 울퉁불퉁한 발톱 표면은 푸셔로 정리한다.
③ 발톱의 경우 길이 정리 시 클리퍼를 사용할 수 없다.
④ 티눈이 있는 경우에는 반드시 시술해준다.

16. ④ 17. ④ 18. ③ 19. ① 20. ④ 21. ④ 22. ① 23. ④ 24. ①

25

① 네일 컬러링 서비스는 네일 미용인의 취향이 아닌 사전 고객 상담 시 조사한 내용을 참고하여 최신 네일 트렌드 경향과 접목시켜 시술해야 한다.
② 폴리시의 양은 뭉치거나 결이 가지 않도록 손톱의 표면적에 따라 적절하게 조절해야 한다.
④ 폴리시 병을 위아래로 흔들면 컬러링 시 손톱의 표면에 기포가 발생될 수 있다. 컬러 병을 양손바닥으로 감싸 쥔 후 좌우로 돌려주어야 한다.

26

더스트 브러시는 소독하여 청결하게 관리해 사용하는 네일 도구이다.

28

인조 손톱에는 100그리트(Grite)부터 적용할 수 있다.

25. 네일 컬러링 방법에 대한 설명 중 옳은 것은?

① 네일 컬러링 서비스는 고객의 연령과 생활습관, 평소 패션스타일, 직업, 고객의 컬러링 선호도 등을 사진 고객 상담 시 조사 및 참고해서 네일 미용인의 취향에 따라 시술한다.
② 네일 컬러링 서비스 시술에 있어 완성도를 높이기 위해 폴리시의 양을 많이 발라주는 것이 중요하다.
③ 네일 컬러링 서비스가 종료된 후에는 폴리시의 병 입구를 깨끗하게 닦아 보관해야 폴리시가 공기와 접촉되어 굳는 것을 예방할 수 있다.
④ 폴리시의 농도가 짙어졌을 때는 뚜껑이 닫힌 컬러 병을 위아래로 흔들어주면 된다.

26. 다음 중 1회용 소모품이 아닌 것은?

① 오렌지 우드스틱
② 더스트 브러시
③ 우드파일
④ 토우 세퍼레이터

27. 에어브러시 물감이 아닌 것은?

① 수성 타입
② 아크릴 타입
③ 유성 타입
④ 젤 타입

28. 다음 중 설명이 잘못 된 것은?

① 화이트 샌드-자연 손톱의 유분기 제거 및 표면을 버핑
② 패디 파일-발바닥의 굳은살을 제거할 때 사용한다.
③ 쓰리웨이 버퍼-파일하나에 3가지 그리트(Grite) 기능이 있다.
④ 파일-인조 손톱에는 180그리트(Grite)부터 적용할 수 있다.

29. 다음은 오렌지 우드스틱의 사용방법이다. 옳지 않은 것은?

① 손톱 주변의 큐티클을 밀어 올릴 때 사용한다.
② 손톱 주변에 묻은 폴리시를 수정할 때 사용한다.
③ 청결하게 소독하여 지속적으로 사용한다.
④ 디자인 할 때 점을 찍거나 스톤을 옮길 때 사용한다.

30. 파일의 그리트(Grite) 숫자가 낮을수록 나타나는 특징은?

① 거칠고 강하다.
② 곱고 부드럽다.
③ 길이가 길어진다.
④ 표면이 넓어진다.

31. 고객의 폴리시 색상 선택 시 고려해야 할 사항이 아닌 것은 무엇인가?

① 피부색
② 시술자의 기호
③ 계절
④ 시술자의 연령

32. 다음 중 큐티클 오일의 역할이 아닌 것은?

① 큐티클을 부드럽게 해준다.
② 큐티클 제거 작업을 쉽게 할 수 있다.
③ 큐티클과 손톱에 수분 공급 역할도 한다.
④ 아몬드 오일, 아보카도, 조조바, 비타민 E 등이 주성분이다.

29

오렌지 우드스틱은 손톱 주변의 큐티클을 밀어 올리거나 네일 주변에 묻은 폴리시를 수정할 때 등에 사용하며 일회용이다.

30

파일의 그리트(Grite) 숫자가 낮을수록 파일의 입자가 거칠고 강하며, 숫자가 높을수록 파일의 입자가 곱고 부드럽다.

25. ③ **26.** ② **27.** ④ **28.** ④ **29.** ③ **30.** ① **31.** ② **32.** ③

33

베이스 코트는 네일 폴리시를 바르기 전에 바르는 것이다. 네일 폴리시가 자연 손톱에 스며들어 변색되는 것을 막아주며, 네일 폴리시를 부드럽게 밀착시키는 역할을 한다.

35

• 기구:도구, 기계 따위를 통틀어 이르는 말이다. 소모되지 않고 지속적으로 오래 사용하는 것을 말한다.
예) 재료 받침대, 시술의자, 네일 테이블 등
• 도구:일을 할 때의 연장을 통틀어 이르는 말이다. 네일 시술 시에 사용되는 모든 것을 지칭하며 꼭 소독 처리와 관리를 해야만 지속적인 사용이 가능하다.
예)클리퍼, 핸드 드릴, 더스티 브러시 등

37

매니큐어의 어원은 라틴어 마누스(Manus)와 큐라(Cura)에서 유래되며 핸드케어(Hand Care)의 의미를 가지고 있다.

33. 다음은 베이스 코트에 관한 설명이다. 옳은 것은?

① 손톱 보강제이다.
② 컬러링 후 광택을 주는 역할을 한다.
③ 폴리시 도포 후에 사용한다.
④ 유색 컬러를 바르기 전에 발라주며 컬러의 착색을 막아준다.

34. 다음 중 파일의 거칠기를 나타내는 용어는 무엇인가?

① 그리트
② 소프트
③ 에지
④ 하드

35. 다음 중 알코올 70%농도에 소독하여 사용하는 도구가 아닌 것은?

① 니퍼
② 네일파일
③ 푸셔
④ 네일 클리퍼

36. 다음 중 프렌치 매니큐어의 설명이 아닌 것은?

① 여름에 시술 시 시원해 보인다.
② 신부들이 가장 선호하는 디자인이다.
③ 특별한 사람들에게만 어울리는 디자인이다.
④ 자연 손톱과 거의 같은 색과 흰색을 사용하는 방법이다.

37. 다음은 매니큐어에 대한 설명이다. 옳은 것은 무엇인가?

① 손톱 케어, 컬러링 등 전반적인 손의 관리를 의미한다.
② 손톱 케어, 컬러링을 의미한다.
③ 폴리시로 컬러링하는 것을 의미한다.
④ 네일 폴리시 제품을 이르는 말이다.

38. 다음 중 네일 팁의 설명으로 바르지 못한 것은?

① 네일 팁은 플라스틱, 나일론, 아세테이트 재질로 되어 있다.
② 탄력성이 좋다.
③ 팁 웰의 형태에 따라 풀 웰팁과 하프 웰팁으로 나누어진다.
④ 유연성은 없기 때문에 시술 시 조심해야 한다.

39. 다음 중 네일 팁을 붙이는 방법으로 바른 것은?

① 네일 팁의 사이즈는 자연 손톱의 옐로우 라인과 스트레스 포인트를 완전히 덮지 않도록 손톱보다 조금 작은 사이즈를 선택한다.
② 글루를 이용하여 팁을 부착할 때는 45°각도를 유지해야 한다.
③ 손가락의 첫 번째 마디를 기점으로 팁을 부착한다.
④ 네일 몰드와 펑거스 같은 질병이 발생될 수 있으니 팁 웰 부분에 버블을 만들어 예방해야 한다.

40. 다음 중 손·발톱에 사용하는 네일 하드너에 대한 설명으로 옳지 않은 것은 무엇인가?

① 네일 하드너는 나일론 섬유가 혼합된 것도 있다.
② 베이스 코트를 바르기 전에 할 수 있다.
③ 손톱이 찢어지거나 갈라지는 것을 예방해 준다.
④ 하드너를 발라서 얇아진 손톱을 두껍게 하는 효과를 볼 수 있다.

41. 네일 팁 서비스의 설명 중 틀린 것은?

① 네일 팁의 모양은 라운드형이 적당하다.
② 쉬운 파일링을 위해 고객의 자연손톱을 불려준다.
③ 팁을 부착할 시에는 라이트 글루와 젤 글루를 선택하여 사용하기도 한다.
④ 필러 파우더와 글루 시술 시 큐티클과 네일 그루브 부분에 제품이 넘치면 네일 팁이 잘 떨어지는 원인이 된다.

33. ④ **34.** ① **35.** ② **36.** ③ **37.** ① **38.** ④ **39.** ② **40.** ③ **41.** ②

42. 네일 팁 부착 전 자연 손톱의 유분기를 제거 하는 주된 이유는 무엇인가?

① 폴리시의 선명한 발색을 위해서
② 필러 파우더의 접착력을 높이기 위해서
③ 자연 네일의 질병을 방지하기 위해서
④ 네일 팁의 접착력을 높이기 위해서

43

젤 본더:젤 네일 서비스 시술 전에 자연 손톱에 소량 도포하여 젤의 접착력을 높여주는 재료이다.

43. 다음 중 아크릴 시술을 오래 유지하기 위한 방법으로 적당하지 않은 것은 무엇인가?

① 에칭을 꼼꼼하게 해준다.
② 푸셔를 사용하여 루즈스킨을 깨끗이 밀어 준다.
③ 시술 전 젤 본더를 발라 준다.
④ 큐티클과 사이드 웰 부분을 얇게 시술한다.

44

네일 팁 시술을 통하여 약하고 부러지기 쉬운 손톱의 강도를 보완해준다.

44. 다음 중 네일 팁의 정의가 아닌 것은?

① 네일 팁은 인조 손톱을 이용하여 자연 손톱의 길이를 연장하는 네일 서비스이다.
② 강하고 단단한 손톱을 유연하게 만들어 주는 것이다.
③ 자연 손톱의 형태를 교정하는 역할을 한다.
④ 네일 팁 서비스에는 팁의 종류 중 레귤러 팁과 스퀘어 팁이 사용된다.

45. 인조 네일 서비스 시 자연 손톱과 팁의 턱의 경계를 메워주는 것은?

① 젤 글루
② 라이트 글루
③ 안티셉틱
④ 필러 파우더

46. 네일 팁을 고르는 방법 중 틀린 것은?

① 팁 웰 크기가 클 경우는 갈거나 잘라서 사용한다.
② 손톱이 클 경우에는 손톱을 작아보이게 만들기 위해서 작은 인조 손톱을 붙인다.
③ 자연 손톱 길이의 1/2 이상 덮어서는 안 된다.
④ 자연 손톱의 예로우 라인 양쪽 끝을 모두 커버해야 한다.

46

손톱이 클 경우에는 큰 사이즈의 인조 손톱을 갈거나 잘라서 사용한다.

47. 다음 중 네일 팁 서비스 시 글루와 글루 드라이어의 과다 사용으로 통증이 유발되는 손톱의 구조는?

① 네일 베드
② 네일 루트
③ 스트레스 포인트
④ 큐티클

48. 다음 중 아크릴 스컬프처의 설명으로 옳지 않은 것은?

① 액체 아크릴과 파우더 아크릴을 혼합하여 사용한다.
② 자연 손톱을 보강하는 매우 단단한 인조 네일 서비스이다.
③ 오니코파지 손톱의 교정에 효과적이다.
④ 길이는 자연 손톱과 비교해서 차이가 별로 없을 정도로 짧은 편이다.

48

아크릴 스컬프처는 자연 손톱을 보강하고 길이를 연장시키는 매우 단단한 인조 네일 서비스이다.

49. 다음 중 인조 팁 시술 전에 습식매니큐어를 하지 않는 이유는 무엇인가?

① 시술 시간의 절약을 위해서
② 시술 손톱의 주변 피부를 손상시키지 않기 위해서
③ 수분으로 인한 곰팡이나 균의 번식을 막기 위해서
④ 인조 팁의 부식을 막기 위해서

42. ④ **43.** ③ **44.** ② **45.** ④ **46.** ② **47.** ① **48.** ④ **49.** ③

50

네일 폼은 네일 서비스 시술 시 손톱 밑에 끼워 프리에지의 모양을 잡기위해 사용한다. 재질은 알루미늄, 플라스틱, 종이 재질이 있으며 모양은 라운드, 스퀘어, 오벌 형으로 나뉜다.

51

네일 폼은 자연손톱의 큐티클 라인과 손톱 끝부분이 일직선 이 되어야 한다.

52

프라이머는 자연 손톱의 유분 기를 제거하여 아크릴의 접착 력을 높여주고 방부제 역할을 한다.

50. 네일 폼에 대한 설명이다. 옳은 것은?

① 1회용으로 사용해야 하기 때문에 종이 재질로만 있다.
② 오벌 형의 모양에만 적용할 수 있다.
③ 네일 서비스 시술 시 손톱 위에 끼워 프리에지의 모양을 잡기위
해 사용한다.
④ 폼과 자연 손톱 사이에 공간이 생기지 않도록 주의하여 붙인다.

51. 네일 폼 사용 방법이다. 옳지 않은 것은?

① 자연 손톱의 모양에 맞는 폼의 종류를 선택한다.
② 폼을 끼운 후 측면에서 봤을 때 폼이 25°밑을 향해야 한다.
③ 프리에지 밑의 피부가 상하지 않도록 깊게 끼우지 않는다.
④ 자연 손톱이 아주 짧을 경우 길이를 연장 한 후에 폼을 끼운다.

52. 아크릴 스컬프처 시술 절차에 대한 설명이다. 옳지 않은 것은?

① 프라이머는 자연 손톱의 표면에 유분기를 주기위하여 바른다.
② 오일을 바르지 않은 상태에서 큐티클을 조심스럽게 밀어준다.
③ 고객의 손톱 모양에 맞추어 폼을 재단하여 사용한다.
④ 프라이머는 아크릴 볼을 올리기 전까지 발라 준다.

53. 아크릴 리퀴드와 파우더를 혼합했을 때 발생되는 화학반응으로 아크릴을 빨리 굳어지게 해주는 작용은 다음 중 무엇인가?

① 모노머
② 프라이머
③ 폴리머
④ 카탈리스트

54. 다음 중 아크릴 원톤 스컬프처에 필요한 재료들로 짝지어진 것은 무엇인가?

① 클리어 아크릴 파우더, 탑 젤, 모노머
② 클리어 아크릴 파우더, 종이 폼, 아크릴 리퀴드
③ 클리어 아크릴 파우더, 인조 팁, 모노머
④ 클리어 핑크 아크릴 파우더, 아크릴 폼, 디스펜서

55. 다음 중 젤 네일에 대한 설명이 바르지 않은 것은?

① 젤은 다양한 색상이 있다.
② 폴리시를 바르는 것처럼 발라도 된다.
③ 젤은 농도에 따라 점성이 다르다.
④ 모든 젤의 큐어링 시간은 2분이다.

56. 다음 중 스컬프처네일을 시술할 때 흰색과 핑크 또는 내추럴 색을 이용하여 만들어 주는 것은 무엇인가?

① 내추럴 팁
② 프렌치
③ 프렌치 오버룩
④ 컬러링

57. 다음 중 젤 네일이 손상되는 원인이 아닌 것은?

① 고객이 부주의하게 관리했을 경우
② 젤을 큐티클에서 알맞게 떨어뜨려 발랐을 경우
③ 젤을 큐티클 부분까지 발랐을 경우
④ 응고제를 과다하게 사용한 경우

55

제품 특성이나 시술 과정에 따라 젤의 큐어링 시간은 달라진다.

50. ④ **51.** ② **52.** ① **53.** ④ **54.** ② **55.** ④ **56.** ③ **57.** ②

맞/춤/해/설

58.

① 아크릴 폼:네일 스컬프처 서비스 시술 시 인조 손톱의 길이를 연장할 수 있게 지지대 역할을 해주는 일회용 종이 폼이다.
③ 리퀴드:아크릴 리퀴드는 액체상태로 아크릴 파우더를 녹여 반죽하는데 사용한다. 휘발성 용액으로 보관 시 환기와 통풍이 잘되는 서늘한 곳에 보관하는 좋다.
④ 폴리시:손톱에 도포하는 유색 네일 화장품으로 네일 에나멜(Nail Enamel), 네일 컬러(Nail Color), 네일 락카(Nail Lacquer) 등으로도 불린다.

59

① 젤 네일은 내구성이 좋은 만큼 견고하다.
③, ④은 젤 네일의 단점이다.

58. 다음 중 아크릴 스컬프처 시술 시 자연 손톱의 표면에 잘 붙도록 사용하는 재료는 무엇인가?

① 아크릴 폼
② 프라이머
③ 리퀴드
④ 폴리시

59. 다음 중 젤 네일의 장점에 대한 설명이 옳은 것은?

① 내구성이 적은 만큼 가볍다.
② 얇게 펴 발랐을 경우 파일링이 필요 없다.
③ 복잡한 시술로 인해 작업시간이 길다.
④ 젤 네일보다 아크릴이 더 견고하다.

60. 다음 중 아크릴의 중합 반응 과정이 완전히 정지되는 데 걸리는 시간은?

① 2~6시간
② 7~14시간
③ 15~23시간
④ 24~48시간

61. 다음 중 아크릴 네일의 화학적 성분인 것은?

① 필러파우더
② 팁파우더
③ 아세톤
④ 폴리머

62. 다음 중 속 오프 제거 시 사용하는 제품은 무엇인가?

① 논아세톤
② 카탈리스트
③ 퓨어아세톤
④ 리무버

63. 다음은 라이트 큐어드 젤에 대한 설명이다. 옳지 않은 것은 무엇인가?

① 모든 젤의 큐어링 시간은 2분이다.
② 냄새가 없다.
③ 투명도가 높으면 광택이 오래간다.
④ 누구나 부작용 없이 시술이 가능하다.

64. 다음 중 페이퍼 랩을 임시로 사용하는 이유로 적절한 것은 무엇인가?

① 물에 녹기 때문이다.
② 에나멜과 어울리지 않기 때문이다.
③ 재사용할 수 없기 때문이다.
④ 아세톤과 비아세톤에 녹기 때문이다.

65. 다음 중 인조 네일 제거 시 사용하는 재료는 무엇인가?

① 클리퍼
② 글루
③ 글루 드라이
④ 팁 커터

66. 아크릴 네일의 보수방법으로 적절하지 않은 것은 무엇인가?

① 보수는 3주 후부터 하는 것이 좋다.
② 떨어진 부분의 아크릴을 갈아내고 나머지를 채워준다.
③ 아크릴이 건조된 것을 확인한 후 파일링 작업을 한다.
④ 접착제를 따로 사용하지 않기 때문에 프라이머를 꼭 발라준다.

63

젤의 큐어링 시간은 상황에 따라 달라진다.

66

기간은 정해져있지 않지만, 새로 자라난 자연 손톱 부분에 큐티클 아래로 약간의 여유 주고 아크릴 볼을 올려 메워 준 후 자연스럽게 연결시켜 준다.

58. ② **59.** ② **60.** ④ **61.** ① **62.** ③ **63.** ① **64.** ④ **65.** ① **66.** ①

67. 다음 중 폼 위에 실시하는 아크릴 시술의 재료로 맞지 않는 것은 무엇인가?

① 핑크파우더
② 화이트파우더
③ 클리어파우더
④ 딥파우더

68. 네일 팁의 보수방법으로 적절하지 않은 것은 무엇인가?

① 새로 자라난 자연 손톱 부분에 큐티클 아래로 0.5mm정도 여유를 주고 글루와 파우더로 메워 준다.
② 글루 드라이로 건조시킨 후 파일링 작업을 해준다.
③ 젤 글루를 바른 후 샌딩블록으로 표면정리를 한다.
④ 새로 자라난 자연 손톱 부분에는 프라이머를 발라준다.

69. 찢어진 네일을 보수하기 위한 방법으로 옳은 것은?

① 휠러와 글루를 이용하여 보수한다.
② 아크릴 파우더로 메운다.
③ 그루로만 채운다.
④ 보수용 패치(랩)를 잘라 손상된 부위를 보수한다.

70. 다음 중 아크릴 스컬프처의 보수방법으로 틀린 것은?

① 아크릴 볼을 얹을 새로운 부위는 파일링을 하지 않는다.
② 보수 면적에 맞추어 아크릴 볼을 얹는다.
③ 새로 자란 자연 손톱과 아크릴 경계를 자연스럽게 만들어준다.
④ 들떠버린 부분은 뜯어내 파일링하고, 아크릴 볼을 얹는다.

68

④ 내용은 아크릴 네일 보수에 대한 설명이다.

67. ④ **68.** ④ **69.** ④ **70.** ①

실전 Test

모/의/고/사

실전모의고사 1회

미용사(네일) 기능사 제1회 필기시험

자격종목 및 등급(선택분야)	종목코드	시험시간	문제지형별	수검번호	성명
미용사(네일)		60분	A		

* 답안카드 작성시 시험문제지 형별누락, 마킹착오로 인한 불이익은 전적으로 수험자의 귀책 사유임을 알려드립니다.

01. 인조 네일이 개발된 시기는 언제인가?

① 1910년대
② 1920년대
③ 1930년대
④ 1940년대

02. 화학물질의 안전관리 중 틀린 것은?

① 아크릴 리퀴드, 솔벤트 사용 시 주의한다.
② 화학제품의 과다 사용을 금지한다.
③ 소독제는 적정농도 50%로 사용한다.
④ 시술 시 제품이 피부에 닿지 않게 한다.

03. 네일플레이트(조판)이라 하며 신경이나 혈관이 없는 부분은?

① 조모(매트릭스)
② 조체(네일바디)
③ 조근(네일루트)
④ 반월(루눌라)

04. 네일의 성장에 대한 설명이다. 다음 중 틀린 것은?

① 한달에 3~5mm 정도 성장한다.
② 손톱이 완전히 재생되는데 4~6개월 정도 걸린다.
③ 중지손톱이 가장 빨리 자라고, 엄지손톱이 가장 늦게 자란다.
④ 손톱은 발톱의 1/4정도의 속도로 서서히 성장한다.

05. 다음 중 손톱에 갈색 가로띠 모양의 색소가 침착되어 나타나는 원인은 무엇인가?

① 지나친 채식생활에 의한 비타민 B의 결핍
② 노화 때문에 일어나는 현상
③ 신장병으로 인한 저알부민혈증
④ 폐나 심장 등 전신에 심각한 중병이 숨어 있는 경우

06. 다음 중 찢어지거나 부러지기 쉬운 손톱 부위의 명칭은 무엇인가?

① 조근(네일루트)
② 옐로우 라인
③ 프리에지
④ 스트레스 포인트

07. 다음 설명 중 옳은 것은?

① 세포는 크게 핵, 세포질, 기관체의 세 구조로 이뤄져있다.
② 세포막은 원형질막 또는 선택적 투과막으로 불린다.
③ 세포는 인체의 구성 및 기능상의 최대단위이다.
④ 세포막은 세포의 내부와 외부를 나눠줄 뿐 아니라 모든 물질의 유입을 막는다.

08. 다음 중 위액에서 분비되는 물질과 관계없는 것은 무엇인가?

① 펩신
② 칼슘
③ 염산
④ 뮤신

09. 하완골은 2개의 뼈로 구성된다. 올바르게 짝지어진 것은?

① 요골, 척골
② 경골, 비골
③ 요골, 비골
④ 경골, 척골

10. 다음 골격의 명칭 중 성장과 관련된 곳은?

① 골수
② 골단연골
③ 골수강
④ 골간

11. 다음 중 피부의 면역에 관한 설명으로 맞는 것은?

① T림프구는 항원전달세포에 해당한다.
② B림프구는 면역글로불린이라고 불리는 항체를 생성한다.
③ 표피에 존재하는 각질형성세포는 면역조절에 작용하지 않는다.
④ 세포성면역에는 B세포가 있다.

12. 광선의 종류 중 발열작용이 있어 열선이라 하며 피부 깊숙이 침투하여 혈액순환 촉진하고 신진대사 원활하게 하는 효과가 있는 광선은 무엇인가?

① 가시광선
② 적외선
③ 자외선
④ 감마선

13. 다음 중 외인성 노화와 관계된 것이 아닌 것은?

① 자외선
② 스트레스
③ 잘못된 수면습관
④ 유전

14. 보건행정의 특성과 가장 거리가 먼 것은?

① 공공성
② 교육성
③ 정치성
④ 과학성

15. 다음 중 농촌지역에서 볼 수 있는 인구 구성 형태는?

① 표주박형
② 별형
③ 종형
④ 피라미드형

16. 다음 중 질병발생의 3대 요인으로 짝지어진 것은?

① 병인(병원체)요인
② 숙주요인
③ 체질적요인
④ 환경요인

17. 환자 접촉자가 손의 소독 시 사용하는 약품으로 가장 부적당한 것은?

① 크레졸수
② 승홍수
③ 역성비누
④ 석탄산

18. 다음 중 수은중독에 의해서 발생되는 질병은?

① 이따이이따이병
② 미나마타병
③ 소아마비
④ 구루병

19. 질병전파의 개달물(介達物)에 해당되는 것은?

① 공기, 물
② 우유, 음식물
③ 의복, 침구
④ 파리, 모기

20. 다음 중 파리가 옮기는 병이 아닌 것은?

① 파라티푸스
② 장티푸스
③ 콜레라
④ 파상풍

21. 실내의 가장 쾌적한 온도와 습도는?

① 14°C , 20%
② 16°C , 30%
③ 18°C , 60%
④ 20°C , 89%

22. 다음 중 체감(감각)온도의 3요소가 아닌 것은?

① 기온
② 기압
③ 기류
④ 기습

23. 다음 중 습도를 나타내는데 가장 많이 쓰이는 것은 무엇인가?

① 절대습도
② 상대습도
③ 포화습도
④ 지적조건

24. 다음 중 120℃에서 20분간 가열하면 아포를 포함한 모든 미생물을 완전히 멸균시킬 수 있는 멸균법은?

① 자비 멸균법
② 자외선 멸균법
③ 고압증기 멸균법
④ 유통증기 멸균법

25. 다음 중 윈슬로의 공중보건학의 정의에서 공중보건의 3대요소와 거리가 먼 것은?

① 질병치료
② 수명연장
③ 질병예방
④ 신체적 · 정신적 효율증진

26. 다음 중 세계보건기구(Who)에서 내린 건강에 대한 정의로 옳은 것은?

① 육체적으로 건강한 상태
② 육체적 · 정신적으로 건전한 상태
③ 육체척 · 정신적 · 사회적으로 풍족한 상태
④ 육체적 · 정신적 · 사회적으로 건전한 상태

27. 다음 중 리케차가 일으키는 질병이 아닌 것은 무엇인가?

① 폴리오
② 발진열
③ 발진티푸스
④ 로키산홍발열

28. 공중이용시설 안에서 발생되지 않아야 할 오염물질 중 포름알데히드의 허용기준치로 올바른 것은?

① 24시간평균치15Ug/M^3이하
② 24시간평균치120Ug/M^2이하
③ 1시간평균치150Ug/Cm^3이하
④ 1시간평균치120Ug/Cm^3이하

29. 다음 중 상처나 피부 소독에 가장 적합한 것은?

① 석탄산
② 과산화수소수
③ 포르말린수
④ 차아염소산나트륨

30. 수돗물로 사용할 상수의 대표적인 오염지표는?(단, 심미적 영향물질은 제외한다.)

① 탁도
② 대장균 수
③ 증발 잔류량
④ Cod

31. 과징금에 대한 설명으로 틀린 것은?

① 과징금을 부과하는 위반행위의 종별·정도 등에 따른 과징금의 금액 등에 관하여 필요한 사항은 대통령령으로 정한다.
② 영업정지가 이용자에게 심한불편을 주거나 그 밖에 공익을 해할 우려가 있는 경우에는 영업정지 처분에 감음하여 3천만 원 이하의 과징금을 부과할 수 있다.
③ 과징금의 금액은 위반행위의 종별·정도 등을 감안하여 보건복지부령이 정하는 영업정지기간에 과징금 산정기준을 적용하여 산정한다.
④ 과징금 통지를 받은 자는 통지를 받은 날부터 15일 이내에 과징금을 시장·군수·구청장이 정하는 수납기관에 납부하여야 한다.

32. 공중위생감시원의 자격, 임명, 업무범위 기타 필요한 사항을 정하고 있는 법령은?

① 대통령령
② 보건복지부령
③ 국무총리령
④ 행정자치부령

33. 다음 중 미용업자가 지켜야 할 영업 준수사항에 속하지 않는 것은?

① 미용기구의 소독기준 및 방법은 시장·군수·구청장령으로 정한다.
② 의료기구와 의약품을 사용하지 아니하는 순수한 화장 또는 피부미용을 할 것
③ 미용기구는 소독을 하지 아니한 기구와 소독을 한 기구로 분리하여 보관
④ 면도기는 반드시 일회용 면도날만을 고객 1인에 한하여 사용할 것

34. 공중위생영업소의 위생관리기준을 향상 시키기 위하여 위생 서비스 평가계획을 수립하는 자는?

① 대통령
② 보건복지부장관
③ 시·도지사
④ 공중위생관련협회 또는 단체

35. 다음 중 영업 신고증의 재교부를 신청 할 수 있는 사항에 해당이 속하지 않는 것은?

① 신고인의 성명이나 주민등록번호가 변경된 때
② 신고증을 잃어 버렸을 때
③ 신고인의 주소가 변경되었을 때
④ 신고증이 헐어 못쓰게 되었을 때

36. 행정처분 대상자 중 중요처분 대상자에게 청문을 실시할 수 있다. 그 청문대상이 아닌 것은?

① 면허정지 및 면허취소
② 영업정지
③ 영업소 폐쇄 명령
④ 자격증 취소

37. 이·미용업소에 반드시 게시하지 않아도 되는 것은?

① 보건증
② 신고필증
③ 면허증원본
④ 요금표

38. 화장품을 만들때 필요한 4대 조건은?

① 안전성, 안정성, 사용성, 유효성
② 안전성, 방부성, 방향성, 유효성
③ 발림성, 안정성, 방부성, 사용성
④ 방향성, 안전성, 발림성, 사용성

39. 화장품의 정의(화장품법 제2조 1항)에 대한 내용 중 관련되지 않는 것은?

① 화장품은 인체를 청결하기 위해 사용한다.
② 화장품은 인체에 대한 작용이 경미한 것을 말한다.
③ 화장품은 피부의 건강을 유지 또는 증진시키기 위해 사용한다.
④ 화장품은 피부의 건강을 치료하고 회복하기 위해 사용한다.

40. 다음 계면활성제에 대한 설명 중 틀린 것은?

① 유화-W/O형은 수분베이스에 오일입자가 들어있는 상태이다.
② 가용화-계면활성제에 의해 투명하게 용해되는 상태를 뜻한다.
③ 분산-고체입자가 액체 속에 균일하게 혼합된 상태를 말한다.
④ Hlb-계면활성제가 물과 기름에 녹는 상대적 세기를 나타낸다.

41. 크림의 기능으로 설명이 바른 것은?

① 유효성분을 흡수시켜 피부를 개선하는데 도움을 준다.
② 혈액순환을 촉진하고 안색이 맑아진다.
③ 제거 시 노폐물이 제거된다.
④ 피막을 형성하여 외부와 일시적으로 차단한다.

42. 미백화장품의 매커니즘이 아닌 것은?

① 자외선차단
② 도파(Dopa)산화억제
③ 티로시나제 활성화
④ 멜라닌합성저해

43. 파일의 각도가 90°로 활동적이며 트렌디한 이미지를 주는 네일의 모양은?

① 라운드 네일
② 오발 네일
③ 스퀘어 네일
④ 라운드 스퀘어 네일

44. 손톱에 도포하는 유색 네일 화장품으로 네일 에나멜, 네일 컬러, 네일 락카 등으로도 불리는 것은 다음 중 무엇인가?

① 네일 폴리시
② 폴리시 띠너
③ 베이스 젤
④ 네일 보강제

45. 습식매니큐어 시술 중 설명이 틀린 것은?

① 손톱의 모양을 잡을 때는 손톱의 쉐입을 먼저 잡아준 후 길이를 조절한다.
② 큐티클과 프리에지 주변에 남아있는 폴리시 잔여물은 오렌지 우드스틱을 이용하여 닦는다.
③ 푸셔와 니퍼로 큐티클을 정리할 때는 루눌라부분의 표면이 긁혀서 손톱이 변형되지 않도록 주의해야 한다.
④ 베이스 코트는 네일 영양제로 대체해도 무방하다.

46. 다음 중 습식매니큐어의 재료가 아닌 것은?

① 핑거볼
② 핸드로션
③ 솜
④ 필러 파우더

47. 자연 손톱에 사용하는 파일의 그리트로 적당한 것은 무엇인가?

① 40 ~ 80 Grit
② 80 ~ 100 Grit
③ 180 ~ 250 Grit
④ 300 ~ 400 Grit

48. 다음 컬러링의 종류 중 큐티클 라인에서 프리에지 방향으로 갈수록 색이 점차 진해지는 것은?

① 그라데이션
② 스마일 라인
③ 프렌치 라인
④ 슬림 라인

49. 패디큐어 시술에 대한 설명 중 맞는 것은?

① 발톱의 쉐입은 스퀘어로 한다.
② 큐티클은 콘 커터로 제거한다.
③ 발톱의 모양은 마음대로 해도 된다.
④ 티눈이 있는 경우 콘 커터로 제거한다.

50. 다음은 패디큐어 시술에 대한 설명이다. 옳은 것은?

① 발톱의 파일링은 한쪽 방향으로 한다.
② 울퉁불퉁한 발톱 표면은 푸셔로 정리한다.
③ 발톱의 경우 길이 정리 시 클리퍼를 사용할 수 없다.
④ 티눈이 있는 경우에는 반드시 시술해준다.

51. 네일 팁을 고르는 방법 중 틀린 것은?

① 팁 웰 크기가 클 경우는 갈거나 잘라서 사용한다.
② 손톱이 클 경우에는 손톱을 작아보이게 만들기 위해서 작은 인조 손톱을 붙인다.
③ 자연 손톱 길이의 1/2 이상 덮어서는 안 된다.
④ 자연 손톱의 예로우 라인 양쪽 끝을 모두 커버해야 한다.

52. 다음 중 아크릴 네일의 화학적 성분인 것은?

① 필러파우더
② 팁파우더
③ 아세톤
④ 폴리머

53. 네일 팁 서비스의 설명 중 틀린 것은?

① 네일 팁의 모양은 라운드형이 적당하다.
② 쉬운 파일링을 위해 고객의 자연손톱을 불려준다.
③ 팁을 부착할 시에는 라이트 글루와 젤 글루를 선택하여 사용하기도 한다.
④ 필러 파우더와 글루 시술 시 큐티클과 네일 그루브 부분에 제품이 넘치면 네일 팁이 잘 떨어지는 원인이 된다.

54. 네일 폼에 대한 설명이다. 옳은 것은?

① 1회용으로 사용해야 하기 때문에 종이 재질로만 있다.
② 오벌 형의 모양에만 적용할 수 있다.
③ 네일 서비스 시술 시 손톱 위에 끼워 프리에지의 모양을 잡기위해 사용한다.
④ 폼과 자연 손톱 사이에 공간이 생기지 않도록 주의하여 붙인다.

55. 아크릴 스컬프처 시술 설명 중 옳지 않은 것은?

① 손톱의 쉐입은 라운드 모양으로 잡아주고 프리에지의 길이는 2mm정도로 조정해준다.
② 팁이 잘 부착될 수 있도록 자연손톱의 표면정리와 유분기를 제거한다.
③ 파일링과 샌딩 작업에서 발생된 손톱 밑의 거스러미를 제거한다.
④ 더스트 브러시를 사용하여 손톱의 먼지를 제거해준다.

56. 하이포인트(Hi-Point)에 대한 설명으로 바른 것은?

① 하이 포인트의 위치는 사람마다 약간의 차이가 있다.
② 손톱의 길이와 상관없이 하이포인트의 위치는 누구나 다 똑같다.
③ 인조 네일의 길이가 길면 하이포인트의 위치는 큐티클 라인 쪽에 가깝다.
④ 손톱이 짧으면 하이포인트의 위치는 큐티클 라인 쪽에 가깝다.

57. 다음 중 아크릴 시술 후 가장 적합한 보수시기는 언제인가?

① 1~2주
② 2~3주
③ 3~4주
④ 3일에 한번

58. 다음 중 아크릴 스컬프처의 보수방법으로 틀린 것은?

① 아크릴 볼을 얹을 새로운 부위는 파일링을 하지 않는다.
② 보수 면적에 맞추어 아크릴 볼을 얹는다.
③ 새로 자란 자연 손톱과 아크릴 경계를 자연스럽게 만들어준다.
④ 들떠버린 부분은 뜯어내 파일링하고, 아크릴 볼을 얹는다.

59. 젤 네일 제거 방법이 아닌 것은?

① 오일 제거
② 드릴 제거
③ 파일링 제거
④ 속 오프 제거

60. 아크릴 네일의 보수방법으로 적절하지 않은 것은 무엇인가?

① 보수는 3주 후부터 하는 것이 좋다.
② 떨어진 부분의 아크릴을 갈아내고 나머지를 채워준다.
③ 아크릴이 건조된 것을 확인한 후 파일링 작업을 한다.
④ 접착제를 따로 사용하지 않기 때문에 프라이머를 꼭 발라준다.

실전모의고사 2회

미용사(네일) 기능사 제2회 필기시험

자격종목 및 등급(선택분야)	종목코드	시험시간	문제지형별	수검번호	성명
미용사(네일)		60분	A		

* 답안카드 작성시 시험문제지 형별누락, 마킹착오로 인한 불이익은 전적으로 수험자의 귀책 사유임을 알려드립니다.

---

01. 네일 테크니션이 여성직업으로 도입된 최초의 시기는 언제인가?

① 1700년대
② 1800년대
③ 1900년대
④ 2000년대

02. Msds(재료 안전 자료표)는 무엇의 약자인가?

① Material Safety Data Sheet
② Material Safety Daily Sheet
③ Material Safety Data Shell
④ Match Safety Data Sheet

03. 고객의 안전관리에 대한 설명이다. 옳지 않은 것은?

① 큐티클은 바짝 잘라 깔끔하게 한다.
② 네일 팁은 조상(네일 베드) 길이의 반을 넘지 않도록 붙인다.
③ 발 각질 제거용 면도날은 매 고객마다 새 것으로 사용한다.
④ 알레르기가 생기는 경우 시술을 중단하고 피부과 치료를 권유한다.

04. 프리에지에 대한 설명이다. 옳은 것은?

① 수분공급의 역할을 한다.
② 조상(네일 베드)없이 손톱만 자라나온 곳이다.
③ 반투명한 핑크빛이다.
④ 혈관이 있다.

05. 다음 중 네일의 기능이 아닌 것은?

① 흡수기능이 있다.
② 물건을 잡거나 들어 올린다.
③ 공격과 방어의 기능을 한다.
④ 미적 · 장식적 기능이 있다.

06. 다음 중 네일 미용인이 시술할 수 없는 비정상 상태의 손톱은?

① 조연화증(에그 셀 네일)
② 고랑 파진 손톱(퍼로우)
③ 조백반증(루코니키아)
④ 조갑박리증(오니코리시스)

07. 세포내 소기관 중에서 세포내의 호흡생리를 담당하고, 이화작용과 동화작용에 의해 에너지를 생산하는 기관은?

① 미토콘드리아
② 리보솜
③ 리소좀
④ 중심소체

08. 다음 중 위장의 주요기능이 아닌 것은?

① 단백질의 소화
② 점액 분비
③ 살균 작용
④ 영양흡수

09. 골격근의 기능이 아닌 것은?

① 수의적 운동
② 자세유지
③ 체중의 지탱
④ 조혈작용

10. 다음 중 중추신경계가 아닌 것은?

① 대뇌
② 소뇌
③ 뇌신경
④ 척수

11. 피부의 가장 이상적인 산성도는 어느 것인가?

① Ph 2.2~4.5
② Ph 5.2~5.8
③ Ph 3.5~5.5
④ Ph 7.5~8.5

12. 다음 중 원발진이 아닌 것은?

① 구진
② 농포
③ 반흔
④ 종양

13. 피부노화 현상으로 옳은 것은?

① 피부노화가 진행되어도 진피의 두께는 그래도 유지된다.
② 광노화에서는 내인성 노화와 달리 표피가 얇아지는 것이 특징이다.
③ 피부 노화에는 나이에 따른 과정으로 일어나는 광노화와 누적된 햇빛노출에 의하여 야기되기도 한다.
④ 내인성 노화보다는 광노화에서 표피두께가 두꺼워진다.

14. 예방접종 줄 세균의 독소를 약독화(순화)하여 사용하는 것은?

① 폴리오
② 콜레라
③ 장티푸스
④ 파상풍

15. 일광소독에서 살균작용 및 관리실에서 사용하는 소독기에 사용되는 광선은 어느 것인가?

① 가시광선
② 적외선
③ 자외선
④ X 선

16. 공중보건에 대한 설명으로 가장 적절한 것은?

① 개인을 대상으로 한다.
② 예방의학을 대상으로 한다.
③ 집단 또는 지역사회를 대상으로 한다.
④ 사회의학을 대상으로 한다.

17. 다음 중 Who의 지역사무소와 그 본부의 연결이 틀린 것은 무엇인가?

① 유럽–Copenhagen
② 동남아–Brazzaville
③ 동지중해–Alexandria
④ 서태평양–Manila

18. 다음 중 공중보건의 정의는?

① 조기치료, 생명연장, 건강증진의 기술과학
② 조기발견, 질병예방, 건강증진의 기술과학
③ 질병예방, 생명연장, 건강증진의 기술과학
④ 생명연장, 건강증진, 조기발견의 기술과학

19. 식중독에 관한 설명으로 옳은 것은?

① 세균성 식중독 중 치사율이 가장 낮은 것은 보툴리누스 식중독이다.
② 테트로도톡신은 감자에 다량 함유되어 있다.
③ 식중독은 급격한 발생률, 지역과 무관한 동시에 다발성의 특성이 있다.
④ 식중독은 원인에 따라 세균성, 화학물질, 자연독, 곰팡이독으로 분류된다.

20. 독소형 식중독의 원인균은?

① 황색 포도상구균
② 장티푸스균
③ 돈 콜레라균
④ 장염균

21. 일반적인 미생물의 번식에 가장 중요한 요소로만 나열된 것은?

① 온도 – 적외선 – Ph
② 온도 – 습도 – 자외선
③ 온도 – 습도 – 영양분
④ 온도 – 습도 – 시간

22. 보건행정의 제 원리에 관한 것으로 맞는 것은?

① 일방행정원리의 관리과정적 특성과 기획과정은 적용되지 않는다.
② 의사결정과정에서 미래를 예측하고, 행동하기 전의 행동계획을 결정한다.
③ 보건행정에서는 생태학이나 역학적 고찰이 필요 없다.
④ 보건행정은 공중보건학에 기초한 과학적 기술이 필요하다.

23. 다음 중 세계보건기구 회원국에 대한 가장 중요한 기능은 무엇인가?

① 재정지원
② 기술지원
③ 의약품지원
④ 보건의료시설기관

24. 다음 중 산업종사자와 직업병의 연결이 틀린 것은?

① 광부-진폐증
② 인쇄공-납중독
③ 용접공-규폐증
④ 항공정비사-난청

25. 다음 중 오늘날 세계적인 공통과제인 3P'S와 관련이 없는 것은?

① 인구문제
② 오염허용기준을 초과한 정도
③ 영업장의 소재지
④ 발생된 오염물질의 종류

26. 다음 중 혐기성 분해처리법은 무엇인가?

① 접촉여상법
② 부패조법
③ 활성오니법
④ 살수여상법

27. 다음 중 제2군 감염병으로만 짝지어진 것은?

① 일본뇌염, 말라리아
② 폴리오, 백일해
③ 콜레라, 디프테리아
④ 장티푸스, 파상풍

28. 기생충과 중간숙주의 연결이 틀린 것은?

① 광절열두조충증-물벼룩, 송어
② 유구조충증-오염된 풀, 소
③ 폐흡충증-민물게, 가재
④ 간흡충증-쇠우렁, 잉어

29. 멸균의 의미로 가장 적합한 표현은?

① 병원균의 발육, 증식억제 상태
② 체내에 침입하여 발육 증식하는 상태
③ 세균의 독성만을 파괴한 상태
④ 아포를 포함한 모든 균을 사멸시킨 무균 상태

30. 호기성 세균이 아닌 것은?

① 결핵균
② 백일해균
③ 가스괴저균
④ 녹농균

31. 훈증 소독법에 대한 설명 중 틀린 것은?

① 분말이나 모래, 부식되기 쉬운 재질 등을 멸균할 수 있다.
② 가스(Gas)나 증기 (Fume)를 사용한다.
③ 화학적 소독방법이다.
④ 위생해충 구제에 많이 이용된다.

32. 다음 중 화학적 소독법이 아닌 것은?

① 크레졸소독
② 석탄산소독
③ 승홍소독
④ 고압증기멸균소독

33. 소독에 사용되는 약제의 이상적인 조건은?

① 살균하고자 하는 대상물을 손상시키지
　않아야 한다.
② 취급 방법이 복잡해야 한다.
③ 용매에 쉽게 용해해야 한다.
④ 향기로운 냄새가 나야 한다.

34. 이·미용업소의 위생관리기준으로 적합
하지 않은 것은?

① 소독한 기구와 소독을 하지 아니한 기구
　를 분리하여 보관한다.
② 1회용 면도날을 손님 1인에 한하여 사용
　한다.
③ 피부미용을 위한 의약품은 따로 보관한다.
④ 영업장 안의 조명도는 75룩스 이상이어
　야 한다.

35. 이·미용업을 승계할 수 있는 경우가
아닌 것은?

① 이·미용업을 양수한 경우
② 이·미용영업자의 사망에 의한 상속에
　의한 경우
③ 공중위생관리법에 의한 영업장폐쇄명령
　을 받은 경우
④ 이·미용영업자의 파산에 의해 시설 및
　설비의 전부를 인수한 경우

36. 공중위생업자에게 개선명령을 명할 수
없는 것은?

① 보건복지부령이 정하는 공중위생업의 종
　류별 시설 및 설비기준을 위반한 경우
② 공중위생업자는 그 이용자에게 건강상
　위해 요인이 발생하지 아니하도록 영업
　관련시설 및 설비를 위생적이고 안전하
　게 관리해야 하는 위생관리의무를 위반
　한 경우
③ 면도기는 1회용 면도날만을 손님 1인에
　한하여 사용한 경우
④ 이·미용기구는 소독을 한 기구와 소독
　을 하지 아니한 기구로 분리하여 보관해
　야 하는 위생관리 의무를 위반한 경우

37. 다음은 위생서비스 수준의 평가에 대한
설명이다. 이 중 옳지 않은 것은 무엇인
가?

① 평가주기는 1년마다 실시하되 필요한 경
　우에는 공중위생 영업의 종류 또는 제21
　조의 규정에 의한 위생관리등급별로 평
　가주기를 달리할 수 있다.
② 평가계획에 따라 관할지역별 세부평가계
　획을 수립한 후 공중위생영업소의 위생
　서비스수준을 평가하여야 한다.
③ 위생서비스평가의 주기·방법, 위생관리
　등급의 기준 기타 평가에 관하여 필요한
　사항은 보건복지부령으로 정한다.
④ 공중위생영업소의 위생관리수준을 향상
　시키기 위하여 위생서비스 평가계획을
　수립하여 시장·군수·구청장에게 통보
　하여야 한다.

38. 화장품, 의약외품, 의약품에 대한 설명 중 바른 것은?

① 의약외품은 진단과 치료를 목적으로 한다.
② 화장품은 장기간 사용해도 된다.
③ 의약품은 정상인이 사용하는 것이다.
④ 화장품은 피부과의사의 처방을 받아야 한다.

39. 동물성오일 중 양털에서 추출한 오일은?

① 밍크오일
② 라놀린
③ 스쿠알란
④ 미네랄오일

40. 크림의 유화형태의 특성에 대한 내용이다. 설명 중 틀린 것은?

① O/W형크림-물에 오일이 분산되어 있는 형태이다.
② O/W형크림-W/O형보다 유분감이 많아 수분증발을 억제한다.
③ W/O형크림-수분지속성은 우수하지만 퍼짐성은 낮다.
④ W/O형크림-건성, 노화피부에 효과적이다.

41. 다음 중 기초화장품의 종류와 목적으로 바르게 연결된 것은?

① 세안화장품-화장품의 잔여물을 제거한다.
② 화장수-고농축되어 있는 활성성분이 수분과 영양을 공급한다.
③ 크림-노폐물을 제거하고 혈액순환을 촉진한다.
④ 팩, 마스크-피부보습, 수렴, 청량감을 부여한다.

42. 체질안료에 대한 설명 중 바른 것은?

① 광택을 부여하고 질감을 변화시킨다.
② 화장품의 질을 결정하며 퍼짐성과 부착성을 조절한다.
③ 주성분으로는 산화철, 레이크가 있다.
④ 백색안료와 함께 커버력을 높인다.

43. 다음 중 네일 팁의 정의가 아닌 것은?

① 네일 팁은 인조 손톱을 이용하여 자연 손톱의 길이를 연장하는 네일 서비스이다.
② 강하고 단단한 손톱을 유연하게 만들어 주는 것이다.
③ 자연 손톱의 형태를 교정하는 역할을 한다.
④ 네일 팁 서비스에는 팁의 종류 중 레귤러 팁과 스퀘어 팁이 사용된다.

44. 폴리시에 대한 설명으로 틀린 것은?

① 폴리시는 인화성 물질이다.
② 폴리시는 굳지 않으므로 사용 후 열어놓아도 된다.
③ 폴리시는 보통 2~3회 정도 발라준다.
④ 폴리시는 열에 직접적으로 노출되지 않도록 주의해야 한다.

45. 다음 중 프리에지 부분을 제외한 손톱 바디에 컬러링을 하는 스타일은?

① 프렌치
② 풀 코드
③ 슬림 라인
④ 프리에지

46. 파일의 각도가 90°로 활동적이며 트렌디한 이미지를 주는 네일의 모양은?

① 라운드 네일
② 오발 네일
③ 스퀘어 네일
④ 라운드 스퀘어 네일

47. 패디큐어 시술 중 제품의 오염을 방지하기 위하여 큐티클 오일을 덜어낼 수 있게 도와주는 도구는 다음 중 무엇인가?

① 푸셔
② 오렌지 우드스틱
③ 스파튤러
④ 스포이트

48. 다음 중 20볼륨의 과산화수소와 구연산으로 구성된 제품으로 손톱 표면을 탈색시켜 미백을 돕는 제품은?

① Nail Bleach
② Light Glue
③ Nail Hardener
④ Dusty Brush

49. 매니큐어 시술 시 필요하지 않는 재료는?

① 리무버
② 안티셉틱
③ 지혈제
④ 토우 세퍼레이터

50. 에어브러시 물감이 아닌 것은?

① 수성 타입
② 아크릴 타입
③ 유성 타입
④ 젤 타입

51. 다음 중 알코올 70%농도에 소독하여 사용하는 도구가 아닌 것은?

① 니퍼
② 네일파일
③ 푸셔
④ 네일 클리퍼

52. 네일 팁 부착 전 자연 손톱의 유분기를 제거 하는 주된 이유는 무엇인가?

① 폴리시의 선명한 발색을 위해서
② 필러 파우더의 접착력을 높이기 위해서
③ 자연 네일의 질병을 방지하기 위해서
④ 네일 팁의 접착력을 높이기 위해서

53. 다음 중 아크릴 스컬프처의 설명으로 옳지 않은 것은?

① 액체 아크릴과 파우더 아크릴을 혼합하여 사용한다.
② 자연 손톱을 보강하는 매우 단단한 인조 네일 서비스이다.
③ 오니코파지 손톱의 교정에 효과적이다.
④ 길이는 자연 손톱과 비교해서 차이가 별로 없을 정도로 짧은 편이다.

54. 네일 폼 사용 방법이다. 옳지 않은 것은?

① 자연 손톱의 모양에 맞는 폼의 종류를 선택한다.
② 폼을 끼운 후 측면에서 봤을 때 폼이 25° 밑을 향해야 한다.
③ 프리에지 밑의 피부가 상하지 않도록 깊게 끼우지 않는다.
④ 자연 손톱이 아주 짧을 경우 길이를 연장한 후에 폼을 끼운다.

55. 다음 중 젤 네일이 손상되는 원인이 아닌 것은?

① 고객이 부주의하게 관리했을 경우
② 젤을 큐티클에서 알맞게 떨어뜨려 발랐을 경우
③ 젤을 큐티클 부분까지 발랐을 경우
④ 응고제를 과다하게 사용한 경우

56. 다음 중 양 조절에 따라 아크릴을 빨리 굳게 할 수도 늦게 굳게 할 수도 있는 화학성분은?

① 모노머
② 폴리머라이제이션
③ 폴리머
④ 카탈리스트

57. 다음 중 인조 팁의 관리 및 제거에 대한 설명으로 옳지 않은 것은 무엇인가?

① 자연 손톱에 무리가 가더라도 드릴로 신속히 제거해 준다.
② 팁 시술 후 1~2주에 한 번씩 관리해 주는 것을 원칙으로 한다.
③ 팁 제거는 아세톤에 손톱을 담그거나 아세톤을 묻힌 솜을 손톱에 올리고 호일로 감싼 후에 제거한다.
④ 새로 자란 자연 손톱과 팁의 턱선을 갈아준 뒤 글루와 젤로 마무리한다.

58. 다음 중 인조 네일 제거 시 사용하는 재료는 무엇인가?

① 클리퍼
② 글루
③ 글루 드라이
④ 팁 커터

59. 다음 중 속 오프 제거 시 사용하는 제품은 무엇인가?

① 논아세톤
② 카탈리스트
③ 퓨어아세톤
④ 리무버

60. 팁, 챕, 아크릴 네일의 제거 방법에 대한 설명이다. 옳은 것은?

① 제일 먼저 네일의 바디부분의 두께를 파일을 이용하여 얇게 갈아낸다.
② 호일을 이용하여 아세톤 솜을 얹은 손가락을 밀폐시켜 감싸준다.
③ 호일의 밀폐 시간은 3~5분 정도면 충분하다.
④ 제거 후에는 손톱의 건강을 위해 아무것도 바르지 않는다.

실전모의고사 3회

미용사(네일) 기능사 제3회 필기시험

자격종목 및 등급(선택분야)	종목코드	시험시간	문제지형별	수검번호	성명
미용사(네일)		60분	A		

* 답안카드 작성시 시험문제지 형별누락, 마킹착오로 인한 불이익은 전적으로 수험자의 귀책 사유임을 알려드립니다.

01. 고대 이집트와 중국에서 네일의 색상을 표현하기 위해 사용했던 추출물이 아닌 것은?

① 계란 노른자
② 헤나
③ 봉숭아
④ 코코넛

02. 화학물질의 과다노출 시 발생 가능한 증상에 대한 설명이다. 옳지 않은 것은?

① 피부발진 및 염증
② 가벼운 두통
③ 수면증
④ 목마름

03. 재료 안전 자료표(Msds)에 반드시 포함되지 않아도 되는 사항은 무엇인가?

① Msds 준비 책임자의 인성을 표기해야 한다.
② 물리적 혹은 화학적 위험성을 나타내는 사용 화학 물질의 표시
③ 주의사항과 취급방법
④ 보관 및 처리방법

04. 다음 중 네일의 구조가 아닌 것은?

① 스트레스 포인트
② 네일 베드
③ 네일 루눌라
④ 네일 폴드

05. 손톱에 가느다란 세로줄무늬가 증가하는 연령층은?

① 물을 많이 사용하는 주부
② 스트레스를 많이 받는 청년
③ 노화현상으로 인한 노인
④ 손톱을 자주 물어뜯는 어린이

06. 다음 중 Dna의 유전정보에 따라 단백질을 합성하는 세포구조의 종류는 무엇인가?

① 리보솜
② 리소좀
③ 골지체
④ 내형질세망

07. 다음 중 뼈와 뼈 사이의 충격을 흡수하는 결합조직은 무엇인가?

① 연골
② 엘라스틴
③ 콜라겐
④ 근섬유

08. 골격계에 대한 설명 중 옳지 않은 것은?

① 인체의 골격은 약 206개의 뼈로 구성된다.
② 체중의 약 20%를 차지하며 골, 연골, 관절 및 인대를 총칭한다.
③ 기관을 둘러싸서 내부 장기를 외부의 충격으로부터 보호한다.
④ 골격에서는 혈액세포를 생성하지 않는다.

09. 엄지손가락의 전방 외측 가장자리에 위치하여 수근중수골 관절의 굴곡과 외전을 가능하게 하는 근육은?

① 무지내전근
② 단무지외전근
③ 무지대립근
④ 단무지굴근

10. 다음 뇌 중에서 호흡운동, 소화운동, 심장박동을 조절하는 곳은 어디인가?

① 대뇌
② 소뇌
③ 간뇌
④ 연수

11. 모세혈관 확장피부에 대한 설명으로 옳은 것은?

① 굵은 주름이 두드러져 보이고, 얼굴이 그늘져 보인다.
② 모세혈관이 수축된 상태이다.
③ 피부두께는 얇아지고 각질의 두께는 두꺼워진다
④ 각화주기가 빨라져 각질층이 얇아진다.

12. 압력에 의하여 발생되는 국소적인 과각화증으로 지속적인 피부의 압박이나 마찰로 인해 피부의 일부가 두꺼워지고 단단해 지는 것은?

① 사마귀
② 무좀
③ 굳은살
④ 티눈

13. 다음 중 노화 이론설과 연결이 옳게 된 것은?

① 텔로미어 단축설 : Dna전달과정 중 오류가 발생하게 되고 이것이 축척되어 Dna 손상을 가져오고 이해 노화가 발생한다는 이론
② 오류파국설 : 신경세포의 피로가 오면 중추신경의 기능이 저하되고 노화가 가속된다는 이론.
③ Dna 프로그램설 : 노화와 죽음은 태어날 때부터 정해진 Dna 유전자에 의해 결정된다는 이론
④ 프리래디칼설 : 신진대사 과정 중에서 발생된 독소 및 노폐물이 축척되어 노화가 나타난다는 이론

14. 다음 중 우리나라가 세계보건기구에 가입한 연도 및 가입 순서로 옳은 것은?

① 1945년 - 65번째로 가입
② 1945년 - 63번째로 가입
③ 1949년 - 65번째로 가입
④ 1949년 - 63번째로 가입

15. 다음 중 지역사회 공중보건사업계획에서 가장 먼저 조사되어야 할 사항은 무엇인가?

① 지역사회 환경상태
② 지역주민 영양상태
③ 보건통계자료
④ 감염병종류통계자료

16. 공중보건학의 개념과 가장 관계가 적은 것은?

① 지역주민의 수명 연장에 관한 연구
② 감염병 예방에 관한 연구
③ 성인병 치료기술에 관한 연구
④ 육체적 정신적 효율 증진에 관한 연구

17. 세계 최초 근로자 질병보호법을 제정한 사람은 누구인가?

① 파스퇴르(Pasteur)
② 비스마르크(Bismark)
③ 윈슬로(Winslow)
④ 페텐코퍼(Pettenkofer)

18. 다음 중 식품의 혐기성 상태에서 발육하여 신경계 증상이 주 증상으로 나타나는 것은?

① 살모넬라 식중독
② 보툴리누스 식중독
③ 포도상 구군 식중독
④ 장염 비브리오 식중독

19. 다음 중 가장 쾌적한 습도는 무엇인가?

① 온도 18℃에서 60%
② 온도 18℃에서 65%
③ 온도 20℃에서 70%
④ 온도 20℃에서 75%

20. 보건행정의 제 원리에 관한 것으로 맞는 것은?

① 일방행정원리의 관리과정적 특성과 기획과정은 적용되지 않는다.
② 의사결정과정에서 미래를 예측하고, 행동하기 전의 행동계획을 결정한다.
③ 보건행정에서는 생태학이나 역학적 고찰이 필요 없다.
④ 보건행정은 공중보건학에 기초한 과학적 기술이 필요하다.

21. 공중보건학의 정의로 가장 적합한 것은?

① 질병예방, 생명연장, 질병치료에 주력하는 기술이며 과학이다.
② 질병예방, 생명유지, 조기치료에 주력하는 기술이며 과학이다.
③ 질병의 조기발견, 조기예방, 생명연장에 기술이며 과학이다.
④ 질병예방, 생명연장, 건강증진에 주력하는 기술이며 과학이다.

22. 다음 중 세계보건기구(Who)에서 내린 건강에 대한 정의로 옳은 것은?

① 육체적 · 정신적 · 사회적으로 건전한 상태
② 육체적 · 정신적으로 건전한 상태
③ 육체적으로 건강한 상태
④ 육체적 · 정신적 · 사회적으로 풍족한 상태

23. 소아들에게 많이 감염될 수 있고, 집단 감염이 잘 되는 기생충은?

① 구충
② 요충
③ 편충
④ 말레이사상충

24. 소독의 정의로 옳은 것은?

① 모든 미생물들을 죽인 것
② 감염을 일으킬 수 있는 병원 미생물을 파괴하여 감염력을 없애는 것
③ 모든 미생물 (병원성, 비병원성, 포자 등)을 완전하게 제거하여 멸균시키는 것
④ 미생물의 발육과 성장을 억제 또는 정지시켜 부패나 발효를 억제하는 것

25. 석탄산의 소독액에 대한 설명으로 틀린 것은?

① 세균포자나 바이러스에 대해서는 작용력이 거의 없다.
② 금속기구의 소독에는 적합하지 않다.
③ 기구류의 소독에는 1~3% 수용액이 적당하다.
④ 소독액의 온도가 낮을수록 효력이 높다.

26. 다음 중 실내공기 위생관리 기준에서 24시간 평균 실내 미세먼지의 양이 150 $\mu g/m^3$을 초과하는 경우에 교체 또는 청소하여야 하는 실내공기정화시설 및 설비가 아닌 것은 무엇인가?

① 화장실용 배기관
② 실외공기의 단순배기관
③ 공기정화기와 이에 연결된 배기관
④ 중앙집중식 냉 · 난방시설의 배기구

27. 고압증기 멸균법에 있어 20Lbs,126.5C의 상태에서 몇 분간 처리하는 것이 가장 좋은가?

① 5분
② 15분
③ 30분
④ 60분

28. 사회보장의 분류에 속하지 않는 것은?

① 산재보험
② 자동차 보험
③ 소득보장
④ 생활보호

29. 다음 중 쥐와 관계없는 감염병은?

① 유행성출혈열
② 페스트
③ 공수병
④ 살모넬라증

30. 공중이용시설 안에서의 허용되는 오염 기준과 오염물질의 종류에 대한 설명으로 옳지 않은 것은?

① 24시간 평균치 25Ppm 이하 – 일산화탄소(Co)
② 1시간 평균치 1,000Ppm 이하 – 이산화탄소(Co_2)
③ 24시간 평균치 150$\mu g/m^3$ 이하 – 미세먼지(Pm–10)
④ 1시간 평균치 120$\mu g/m^3$ 이하 – 포름알데이드(Hcho)

31. 다음 중 미용사의 면허에 관한 규정을 위반할 때 1차에 면허정지를 받을 때는?

① 이중으로 면허를 취득한 때
② 면허증을 다른 사람에게 대여한 때
③ 국가기술자격법에 따라 미용사자격이 취소된 때
④ 법 제6조 제2항 제1호 내지 제4호의 결격사유에 해당한 때

32. 이 · 미용업 영업자가 공중위생관리법을 위반하여 관계행정기관의 장의 요청이 있는 때에는 몇 월 이내의 기간을 정하여 영업의 정지 또는 일부시설의 사용중지 혹은 영업소 폐쇄 등을 명할 수 있는가?

① 3월
② 6월
③ 1년
④ 2년

33. 건전한 영업질서를 위하여 공중위생영업자가 준수하여야 할 사항을 준수하지 아니한 자에 대한 벌칙기준은?

① 1년 이하의 징역 또는 1천만원 이하의 벌금
② 6월 이하의 징역 또는 500만원 이하의 벌금
③ 3월 이하의 징역 또는 300만원 이하의 벌금
④ 300만원 이하의 벌금

34. 다음 중 공중이용시설의 위생관리에 대한 설명으로 옳지 않은 것은?

① 오염물질의 종류와 오염허용 기준은 시장 · 군수 · 구청장으로 정한다.
② 실내공기는 보건복지부령이 정하는 위생관리기준에 적합하도록 유지할 것
③ 24시간 평균 실내 미세먼지의 양이 150 $\mu g/m^3$을 이하이어야 한다.
④ 공중이용시설 안에서 시설이용자의 건강을 해할 우려가 있는 오염물질이 발생되지 아니하도록 해야 한다.

35. 영업변경신고는 보건복지부령이 정하는 중요사항을 변경하고자 하는 때에 신고할 수 있다. 다음 중 변경신고 사항에 해당하지 않는 것은?

① 영업소의 소재지
② 미용업 업종 간 변경
③ 영업소의 명칭 또는 상호
④ 신고한 영업장 면적의 5분의 1이상의 증감

36. 이 · 미용업영업자가 신고를 하지 아니하고 영업소의 상호를 변경한 때의 1차 위반 행정처분기준은?

① 경고 또는 개선명령
② 영업정지 3월
③ 영업허가 취소
④ 영업장 폐쇄명령

37. 다음 중 미용사 면허를 받을 수 있는 해당자에 속하지 않는 사람은 누구인가?

① 고등학교에서 미용에 관한 학과를 졸업한 자
② 전문대학에서 미용에 관한 학과를 졸업한 자
③ 고등기술학교에서 6개월 이상 미용에 관한 소정의 과정을 이수한 자
④ 학점인정 등에 관한 법률에 따라 미용에 관한 학위를 취득한 자

38. 화장품의 분류와 제품이 틀리게 연결된 것은?

① 기초화장품-클렌징제품, 에센스, 크림류
② 메이크업화장품-메이크업베이스, 파운데이션
③ 방향화장품-향수, 데오도란트
④ 바디화장품-바디로션, 바디샴푸, 선탠오일

39. 캐모마일에서 얻은 물질로 항염, 항알레르기, 진정, 상처치유에 대한 효과가 있는 것은?

① 알로에
② 클로로필
③ 알란토인
④ 아줄렌

40. 향수의 지속시간이 높은 순서대로 나열한 것은?

① 퍼퓸〉오데퍼퓸〉샤워코롱〉오데코롱〉오데토일렛
② 샤워코롱〉오데코롱〉오데토일렛〉오데퍼퓸〉퍼퓸
③ 오데퍼퓸〉오데토일렛〉오데코롱〉샤워코롱〉퍼퓸
④ 퍼퓸〉오데퍼퓸〉오데토일렛〉오데코롱〉샤워코롱

41. 주름을 개선하고 탄력을 증대시키는 효과가 있는 성분이 아닌 것은?

① 아데노신
② 아미노산
③ 레티놀
④ 레티닐팔미테이트

42. 에센셜오일을 추출하는 방법 중 기본적이고 일반적으로 추출하는 방법은 무엇인가?

① 압착법
② 냉각법
③ 용제추출법
④ 수증기증류법

43. 파일의 그리트(Grite) 숫자가 낮을수록 나타나는 특징은?

① 거칠고 강하다.
② 곱고 부드럽다.
③ 길이가 길어진다.
④ 표면이 넓어진다.

44. 컬러링 시 폴리시의 지속성과 완성도를 높이기 위해서 (   )가장자리 끝 부위를 꼼꼼하게 바른다. 위 (   )안에 들어갈 말은 무엇인가?

① 네일 월
② 큐티클 라인
③ 프리에지
④ 네일 그루브

45. 다음 중 프리에지 부분을 제외한 부분만 컬러링하는 기법은 무엇인가?

① 슬림라인
② 루눌라
③ 프렌치
④ 프리에지

46. 네일 서비스 시 사용하는 재료 및 기구의 설명이 바른 것은?

① Uv Sterilizer(자외선 살균 소독기):네일 도구를 소독제에 담가 소독하는 용기, 유리 재질로 되어 있다.
② Airbrush Gun(에어브러시 건):에어브러시 작업에 필요한 공기를 만들어내는 기계이다.
③ Metal Pusher(메탈 푸셔):금속성분의 재질로 큐티클을 밀어 올릴 때 사용되는 도구
④ Con Cutter(콘 커터):패디큐어 시술 시 발바닥의 굳은살을 제거하기 위한 도구, 면도날은 재사용이 가능하다.

47. 다음 중 연결이 잘못 된 것은?

① 더스트 브러시 – 손톱 표면의 먼지를 제거할 때 사용한다.
② 필러파우더 – 상처부위의 혈액응고를 위해 뿌려준다.
③ 핫 로션 매니큐어 – 파라핀 매니큐어와 비슷한 효과가 있다.
④ 라이트 글루 – 인조손톱 시술에 사용되는 네일 전용 접착제이다.

48. 다음 중 컬러링 순서가 바른 것은?

① 탑 코트 바르기 – 베이스 코트 바르기 – 폴리시 바르기
② 탑 코트 바르기 – 폴리시 바르기 – 베이스 코트 바르기
③ 베이스 코트 바르기 – 폴리시 바르기 – 탑 코트 바르기
④ 베이스 코트 바르기 – 탑 코트 바르기 – 폴리시 바르기

49 다음 중 오니코크립토시스 증상을 예방하기 위한 발톱의 모양은?

① 라운드 스퀘어 네일
② 라운드 네일
③ 오발 네일
④ 스퀘어 네일

50. 발 관리의 효과가 아닌 것은?

① 혈액순환 촉진
② 대사능력 활성화
③ 발 근육의 스트레스 감소
④ 티눈 예방

51. 다음 중 네일 팁의 설명으로 바르지 못한 것은?

① 네일 팁은 플라스틱, 나일론, 아세테이트 재질로 되어 있다.
② 탄력성이 좋다.
③ 팁 웰의 형태에 따라 풀 웰팁과 하프 웰팁으로 나누어진다.
④ 유연성은 없기 때문에 시술 시 조심해야 한다.

52. 다음 중 손·발톱에 사용하는 네일 하드너에 대한 설명으로 옳지 않은 것은 무엇인가?

① 네일 하드너는 나일론 섬유가 혼합된 것도 있다.
② 베이스 코트를 바르기 전에 할 수 있다.
③ 손톱이 찢어지거나 갈라지는 것을 예방해 준다.
④ 하드너를 발라서 얇아진 손톱을 두껍게 하는 효과를 볼 수 있다.

53 인조 네일 서비스 시 자연 손톱과 팁의 턱의 경계를 메워주는 것은?

① 젤 글루
② 라이트 글루
③ 안티셉틱
④ 필러 파우더

54. 아크릴 스컬프처 시술 절차에 대한 설명이다. 옳지 않은 것은?

① 프라이머는 자연 손톱의 표면에 유분기를 주기위하여 바른다.
② 오일을 바르지 않은 상태에서 큐티클을 조심스럽게 밀어준다.
③ 고객의 손톱 모양에 맞추어 폼을 재단하여 사용한다.
④ 프라이머는 아크릴 볼을 올리기 전까지 발라 준다.

55. 다음 중 아크릴 원톤 스컬프처에 필요한 재료들로 짝지어진 것은 무엇인가?

① 클리어 아크릴 파우더, 탑 젤, 모노머
② 클리어 아크릴 파우더, 종이 폼, 아크릴 리퀴드
③ 클리어 아크릴 파우더, 인조 팁, 모노머
④ 클리어 핑크 아크릴 파우더, 아크릴 폼, 디스펜서

56. 다음 중 아크릴 스컬프처 시술 시 자연 손톱의 표면에 잘 붙도록 사용하는 재료는 무엇인가?

① 아크릴릭 폼
② 프라이머
③ 리퀴드
④ 폴리시

57. 찢어진 네일을 보수하기 위한 방법으로 옳은 것은?

① 휠러와 글루를 이용하여 보수한다.
② 아크릴 파우더로 메운다.
③ 그루로만 채운다.
④ 보수용 패치(랩)를 잘라 손상된 부위를 보수한다.

58. 다음은 젤 네일과 아크릴 네일의 특성이다. 옳지 않은 것은?

① 젤 네일은 아크릴 네일에 비해 냄새가 독하다.
② 젤 네일은 아크릴 네일보다 단단하다.
③ 젤 네일은 아크릴에 비해 시술시간이 오래 걸린다.
④ 젤 네일은 웅고를 위한 별도의 카탈리스트가 필요하다.

59. 다음 중 퓨어 아세톤으로 제거가 불가능한 것은?

① 속 오프 젤
② 하드 젤
③ 네일 팁
④ 아크릴 네일

60. 네일 팁의 보수방법으로 적절하지 않은 것은 무엇인가?

① 새로 자라난 자연 손톱 부분에 큐티클 아래로 0.5mm정도 여유를 주고 글루와 파우더로 메워 준다.
② 글루 드라이로 건조시킨 후 파일링 작업을 해준다.
③ 젤 글루를 바른 후 샌딩블록으로 표면정리를 한다.
④ 새로 자라난 자연 손톱 부분에는 프라이머를 발라준다.

실전모의고사 4회

미용사(네일) 기능사 제4회 필기시험

자격종목 및 등급(선택분야)	종목코드	시험시간	문제지형별	수검번호	성명
미용사(네일)		60분	A		

* 답안카드 작성시 시험문제지 형별누락, 마킹착오로 인한 불이익은 전적으로 수험자의 귀책 사유임을 알려드립니다.

01. 다음 중 손톱이 완전히 자라는데 걸리는 시간은?

① 4~6개월
② 5~6년
③ 4~6년
④ 2년

02. 남성의 네일 관리가 시작된 시대는 언제인가?

① 르네상스 시대
② 중세 시대
③ 로코코 시대
④ 근대

03. 다음 중 검은색의 얼룩점이 손톱에 있으며 색소의 작용에 의해 발생되는 현상은 무엇인가?

① 행 네일(Hang Nail)
② 오니콕시스(Onychauxis)
③ 니버스(Nevus)
④ 루코니키아(Lcukonychia)

04. 세포 내에 Dna의 유전정보에 따라 단백질을 합성하는 곳은?

① 리보솜
② 골지체
③ 리소좀
④ 형질내세망

05. 척수신경은 모두 몇 개인가?

① 12쌍
② 23쌍
③ 31쌍
④ 46쌍

06. 다음 중 배부(Back)의 근육이 아닌 것은?

① 승모근
② 광배근
③ 견갑거근
④ 비복근

07. 눈을 감고 입을 닫는 작용의 근육으로 올바른 것은?

① 광경근, 후두근
② 안륜근, 흉쇄유돌근
③ 안륜근, 구륜근
④ 비근, 협골근

08. 다음 중 하지골에 속하지 않는 것은?

① 족근골
② 경골
③ 상완골
④ 슬개골

09. 비타민과 결핍증의 연결이 틀린 것은?

① 비타민B1-각기병, 식용부진, 신경쇠약
② 비타민B6-당뇨병, 빈혈, 지루성피부염, 우울증 , 설염
③ 비타민C-괴혈병, 골절, 설사증세 , 상처 치유지연
④ 비타민B2-펠라그라, 구내염, 피부염, 설사, 불면증

10. 다음 중 피부색을 나타내는 색소가 아닌 것은?

① 헤모글로빈
② 멜라닌
③ 에르고스테롤
④ 카로틴

11. 노화가 발생하면 땀의 분비가 저하된다. 무엇의 감소로 인한 증상인가?

① 모유두
② 모낭
③ 한선
④ 피지선

12. 각질을 형성하는 각질형성세포가 위치하고 있는 곳은 다음 중 어디인가?

① 기저층
② 망상층
③ 과립층
④ 피하지방

13. 다음 중 종류가 틀린 것은?

① 탄수화물
② 비타민
③ 단백질
④ 지방

14. 공중위생관리법의 목적과 관계없는 것은?

① 국민건강증진
② 위생수준향상
③ 영리추구
④ 공중이 이용하는 영업과 시설의 위생관리 등에 관한 사항규정

15. 손님의 얼굴, 머리, 피부 등을 손질하여 손님의 외모를 아름답게 꾸미는 영업에 해당하는 것은?

① 미용업
② 이용업
③ 숙박업
④ 목욕탕업

16. 공기의 성분에 대한 다음 설명 중 틀린 것은?

① 공기 중의 산소량이 10%가 되면 호흡곤란이 온다.
② 공기 중의 일산화탄소량이 0.05~0.1% 만 존재해도 중독을 일으킨다.
③ 아황산가스는 대기오염도의 지표로 사용한다.
④ 일산화탄소는 자극성 취기가 없고 자극성도 없다.

17. 다음 중 같은 병원체에 의하여 발생하는 인수공통 감염병은?

① 천연두
② 콜레라
③ 디프테리아
④ 공수병

18. 석탄산의 90배 희석액과 어느 소독약의 180배 희석액이 같은 조건하에서 같은 소독효과가 있었다면 이 소독약의 석탄산 계수는?

① 0.50
② 0.05
③ 2.00
④ 20.0

19. 여러 가지 물리화학적 방법으로 병원성 미생물을 가능한 제거하여 사람에게 감염의 위험이 없도록 하는 것은?

① 멸균
② 소독
③ 방부
④ 살충

20. 다음 중 식품의 혐기성 상태에서 발육하여 신경계 증상이 주 증상으로 나타나는 것은?

① 살모넬라 식중독
② 보툴리누스 식중독
③ 포도상 구균 식중독
④ 장염 비브리오 식중독

21. 다음 중 음료수 소독에 사용되는 소독방법 중 가장 거리가 먼 것은?

① 염소소독
② 표백분 소독
③ 자비소독
④ 승홍액 소독

22. 법정 감염병 중 제2군에 해당되는 것은?

① 디프테리아
② A형 간염
③ 레지오넬라증
④ 한센병

23. 승홍에 소금을 섞었을 때 일어나는 현상은?

① 용액이 중성으로 되고 자극성이 완화된다.
② 용액의 기능을 2배 이상 증대시킨다.
③ 세균의 독성을 중화시킨다.
④ 소독대상물의 손상을 막는다.

24. 다음 중 화학적 소독법에 해당되는 것은?

① 알코올 소독법
② 자비소독법
③ 고압증기멸균법
④ 간헐멸균법

25. 결핵환자의 객담 처리방법 중 가장 효과적인 것은?

① 소각법
② 알콜소독
③ 크레졸소독
④ 매몰법

26. 100도씨 이상 고온의 수증기를 고압상태에서 미생물, 포자 등과 접촉시켜 멸균할 수 있는 것은? 3

① 자외선 소독기
② 건열 멸균기
③ 고압증기 멸균기
④ 자비소독기

27. 100% 크레졸 비누액을 환자의 배설물, 토사물, 객담소독을 위한 소독용 크레졸 비누액 100Ml로 조제하는 방법으로 가장 적합한 것은?

① 크레졸 비누액 0.5Ml+물 99.5 Ml
② 크레졸 비누액 3Ml+물 97 Ml
③ 크레졸 비누액 10Ml+물 90 Ml
④ 크레졸 비누액 50Ml+Anf 50 Ml

28. 물리적 소독법 중 습열법에 해당되지 않는 것은?

① 고압증기멸균법
② 건열멸균법
③ 유통증기소독법
④ 저온소독법

29. 비병원성 미생물은?

① 세균
② 리케챠
③ 유산균
④ 바이러스

30. 다음 중 오염된 주사기, 면도날 등으로 인해 감염이 잘되는 만성 감염병은?

① 렙토스피라
② 트라코마
③ 간염
④ 파라티푸스

31. 과징금을 가중하는 경우 그 총액은 얼마를 초과할 수 없는가?

① 1000만원
② 3000만원
③ 5000원
④ 6000만원

32. 미용업소의 위생관리 의무를 지키지 아니한 자의 벌칙은?

① 100만원 이하의 과태료
② 200만원 이하의 과태료
③ 300만원 이하의 벌금
④ 500만원 이하의 벌금

33. 위생교육을 받아야 할 자의 범위, 교육의 방법, 절차 기타 필요한 사항은 누구의 령으로 하는가?

① 보건복지부령
② 행정자치부령
③ 대통령령
④ 보건소장

34. 이·미용업소에서 1회용 면도날을 손님 몇 명까지 사용할 수 있는가?

① 1명
② 2명
③ 3명
④ 4명

35. 다음 중 폐쇄명령을 받고도 계속해서 영업을 하는 때에 관계 공무원으로 하여금 당해 영업을 폐쇄하기 위한 조치가 아닌 것은?

① 영업소가 위법임을 알리는 게시물 등의 부착
② 영업소의 간판, 기타 영업표시물의 제거
③ 영업을 위하여 필수불가결한 기구 또는 시설물 압수
④ 영업을 위한 필수불가결한 기구 또는 시설물을 사용할 수 없게 봉인할 수 있다.

36. 다음 중 공익상 또는 선량한 풍속을 유지하기 위하여 필요하다고 인정하는 때에 영업을 제한 할 수 있는 주체는 누구인가?

① 시·도지사
② 관할 경찰서
③ 보건복지부장관
④ 관할 시장·군수·구청장

37. 면허증 분실로 인해 재교부를 받았을 때, 잃어버린 면허를 찾은 경우 반납하여야 하는 기간은?

① 지체 없이
② 7일
③ 30일
④ 6개월

38. 화장품의 수성원료가 아닌 것은?

① 지방알콜
② 정제수
③ 에탄올
④ 다가알콜

39. 모발화장품과 그 기능이 바르게 연결된 것은?

① 세정기능-헤어샴푸, 헤어스프레이
② 정발기능-헤어크림, 헤어무스
③ 영양기능-헤어무스, 헤어젤
④ 양모기능-헤어린스, 헤어샴푸

40. 화장수에서 가장 많이 사용되는 알코올 성분은?

① 에탄올
② 메탄올
③ 부탄올
④ 다가알콜

41. 천연보습인자에 대한 설명으로 적합하지 않은 것은?

① N.M.F를 말한다.
② 각질층에 존재하는 수용성 성분들을 말한다.
③ 수분증발을 억제하고 건조함을 막아준다.
④ 구성성분 중에서 요소(Urea)가 가장 많이 함유되어 있다.

42. 에센셜오일 사용 시 주의사항으로 틀린 것은?

① 정유는100% 순수한 것을 사용해야한다.
② 임신 중에는 사용을 하면 안 되는 오일이 있으며 사용 시 주의해야 한다.
③ 희석을 하면 효과가 떨어지므로 원액 그대로 사용한다.
④ 피부질환이나 심한화상, 상처가 있는 경우 사용을 피한다.

43. 다음 컬러링 방법 중 틀린 것은?

① 네일 컬러링 서비스는 고객의 연령, 생활습관, 평소 패션스타일, 직업, 고객의 컬러링 선호도 등을 조사하고 참고하여 최신 네일트렌드 경향과 접목시켜 시술해야 한다.
② 네일 컬러링 서비스 시술에 있어 폴리시가 뭉치거나 결이가지 않도록 폴리시브러시를 55°각도를 유지하여 고르게 펴 발라주는 것이 중요하다.
③ 팔라쉬 농도가 짙어졌을 때에는 뚜껑이 닫힌 컬러병을 양손 바닥으로 감싼 뒤 좌우로 돌려주어야 한다.
④ 네일 컬러링 서비스가 종료된 후에는 폴리시의 병 입구를 깨끗하게 닦아서 보관해야 폴리시가 굳는 것을 예방할 수 있다.

44. 다음 중 1회용 소모품이 아닌 것은?

① 오렌지 우드스틱
② 더스트 브러시
③ 우드파일
④ 토우 세퍼레이터

45. 고객의 폴리시 색상 선택 시 고려해야 할 사항이 아닌 것은 무엇인가?

① 피부색
② 시술자의 기호
③ 계절
④ 시술자의 연령

46. 다음은 라운드 네일에 대한 설명이다. 옳지 않은 것은 무엇인가?

① 한 쪽 방향으로만 파일링한다.
② 양 쪽 방향을 번갈아가며 좌우대칭이 맞도록 파일링한다.
③ 스트레스 포인트부터 일정부분 직선이 유지되어야 한다.
④ 원의 일부를 옮겨 놓은 듯 손톱 끝부분을 부드럽게 파일링

47. 다음 중 시술 시 출혈이 발생 할 경우 피를 멈춰주고 균이 들어가지 않게 해주는 재료는 무엇인가?

① 안티셉틱
② 알코올
③ 지혈제
④ 라이트 글루

48. 다음 중 설명이 잘못 된 것은?

① 화이트 샌드-자연 손톱의 유분기 제거 및 표면을 버핑
② 패디 파일-발바닥의 굳은살을 제거할 때 사용한다.
③ 쓰리웨이 버퍼-파일하나에 3가지 그리트(Grite) 기능이 있다.
④ 파일-인조 손톱에는 180그리트(Grite)부터 적용할 수 있다.

49. 다음은 오렌지 우드스틱의 사용방법이다. 옳지 않은 것은?

① 손톱 주변의 큐티클을 밀어 올릴 때 사용한다.
② 손톱 주변에 묻은 폴리시를 수정할 때 사용한다.
③ 청결하게 소독하여 지속적으로 사용한다.
④ 디자인 할 때 점을 찍거나 스톤을 옮길 때 사용한다.

50. 다음은 안티셉틱에 대한 설명이다. 옳은 것은 무엇인가?

① 확실한 효과를 위해 가까이에서 뿌려주어야 한다.
② 글루와 반응하여 뜨거울 수도 있다.
③ 폴리시를 빨리 건조시켜준다.
④ 피부 소독제이며 시술자와 피시술자 모두 사용 가능하다.

51. 다음은 베이스 코트에 관한 설명이다. 옳은 것은?

① 손톱 보강제이다.
② 컬러링 후 광택을 주는 역할을 한다.
③ 폴리시 도포 후에 사용한다.
④ 유색 컬러를 바르기 전에 발라주며 컬러의 착색을 막아준다.

52. 다음 중 아크릴 시술을 오래 유지하기 위한 방법으로 적당하지 않은 것은 무엇인가?

① 에칭을 꼼꼼하게 해준다.
② 푸셔를 사용하여 루즈스킨을 깨끗이 밀어 준다.
③ 시술 전 젤 본더를 발라 준다.
④ 큐티클과 사이드 웰 부분을 얇게 시술한다.

53. 아크릴 리퀴드와 파우더를 혼합했을 때 발생되는 화학반응으로 아크릴을 빨리 굳어지게 해주는 작용은 다음 중 무엇인가?

① 모노머
② 프라이머
③ 폴리머
④ 카탈리스트

54. 다음 중 스컬프처 네일을 시술할 때 흰색과 핑크 또는 내추럴 색을 이용하여 만들어 주는 것은 무엇인가?

① 내추럴 팁
② 프렌치
③ 프렌치 오버룩
④ 컬러링

55. 다음 중 젤 네일의 장점에 대한 설명이 옳은 것은?

① 굉장히 견고하다.
② 얇게 펴 발랐을 경우 파일링이 필요 없다.
③ 복잡한 시술로 인해 작업시간이 길다.
④ 젤 네일보다 아크릴이 더 견고하다.

56. 다음 중 페이퍼 랩을 임시로 사용하는 이유로 적절한 것은 무엇인가?

① 물에 녹기 때문이다.
② 에나멜과 어울리지 않기 때문이다.
③ 재사용할 수 없기 때문이다.
④ 아세톤과 비아세톤에 녹기 때문이다.

57. 다음 중 인조 네일 제거 시 알루미늄호일을 사용하는 이유가 올바른 것은 무엇인가?

① 물리적인 제거방법이다.
② 더스트 브러시의 사용을 용이하게 하기 위해서
③ 손톱을 외부로부터 보호하기 위해
④ 아세톤의 증발을 막아 제거를 가속화하기 위해서이다.

58. 다음 중 속 오프 제거 시 사용하는 제품은 무엇인가?

① 리무버
② 논아세톤
③ 퓨어아세톤
④ 카탈리스트

59. 다음 중 젤 네일이 손상되는 원인이 아닌 것은?

① 고객이 부주의하게 관리했을 경우
② 젤을 큐티클에서 알맞게 떨어뜨려 발랐을 경우
③ 젤을 큐티클 부분까지 발랐을 경우
④ 응고제를 과다하게 사용한 경우

60. 다음 중 아크릴 스컬프처의 보수방법으로 틀린 것은?

① 아크릴 볼을 얹을 새로운 부위는 파일링을 하지 않는다.
② 보수 면적에 맞추어 아크릴 볼을 얹는다.
③ 새로 자란 자연 손톱과 아크릴 경계를 자연스럽게 만들어준다.
④ 들떠버린 부분은 뜯어내 파일링하고, 아크릴 볼을 얹는다.

실전모의고사 5회

미용사(네일) 기능사 제5회 필기시험

자격종목 및 등급(선택분야)	종목코드	시험시간	문제지형별	수검번호	성명
미용사(네일)		60분	A		

* 답안카드 작성시 시험문제지 형별누락, 마킹착오로 인한 불이익은 전적으로 수험자의 귀책 사유임을 알려드립니다.

01. 역사상 가장 긴 손톱을 사용한 상류층은 어느 나라인가?

① 중국
② 한국
③ 이집트
④ 프랑스

02. 다음 중 전기안전관리 중 틀린 것은?

① 젖은 손으로 만지지 않는다.
② 불량 전기기구만 아니면 정격퓨즈를 사용하지 않아도 괜찮다.
③ 손상된 전기선이나 코드는 빨리 교체한다.
④ 한 개의 콘센트에 많은 전기기구를 사용하지 않는다.

03. 다음 설명 중 연결이 틀린 것은?

① 행 네일-건조한 손톱, 거스러미
② 조백반증-손톱의 흰 반점
③ 조갑위축증-손톱을 물어뜯어 없어지는 현상
④ 모반점-밤색, 검은색의 점이 있는 손톱

04. 다음 중 생명체의 특징이 아닌 것은?

① 개체화
② 물질대사
③ 성장과 생식
④ 조절 및 항상성 유지

05. 열량원으로 쓰이고 남은 것은 글리코겐과 지방으로 전환되어 저장되고, 혈액 중 1%를 함유하고 있는 것은?

① 전분
② 맥아당
③ 포도당
④ 유당

06. 다음 중 간의 역할에 가장 적합한 것은?

① 소화와 흡수촉진
② 담즙의 생성과 분비
③ 음식물의 역류방지
④ 부신피질호르몬생산

07. 다음 중 소화기관이 아닌 것은?

① 구강
② 인두
③ 기도
④ 간

08. 피부가 추위를 느끼면 근육을 수축시켜 털을 세우는 근육은 무엇인가?

① 소근
② 후두근
③ 구륜근
④ 입모근

09. 다음 중 늑골과 연결되어 흉곽을 형성하는 척추골은 무엇인가?

① 요추골
② 흉추골
③ 경추골
④ 천추골

10. 피지에 대한 설명으로 맞는 것은?

① 여성 호르몬인 에스트로겐에 의해 피지분비가 촉진된다.
② 진피의 망상층에 피지선이 존재한다.
③ 50대 이후가 되면 더욱 많이 분비된다.
④ 피지가 많이 분비되는 것을 다한증이라한다.

11. 피하지방층에 대한 설명으로 틀린 것은?

① 체온 보호기능이 있어 체온손실을 막아준다.
② 테스토스테론과 관계가 있다.
③ 완충작용이 있어 외상으로부터 내부를 보호한다.
④ 인체에서 소모되고 남은 영양이나 에너지를 저장하는 기능이 있다.

12. 건성피부의 원인이 아닌 것은?

① 심한 냉난방과 같은 외부자극
② 프로게스테론의 증가
③ 잦은 세안
④ 연령의 증가

13. 노화가 발생하면 땀의 분비가 저하된다. 무엇의 감소로 인한 증상인가?

① 모유두
② 모낭
③ 한선
④ 피지선

14. 다음 중 현대의학의 창시자와 세계 최초 근로자 질병보호법을 제정한 사람을 모두 고르시오

A. 비스마르크	B. 존 스노우
C. 루이스 파스퇴르	D. 로버트 코흐

① A, B
② A, C
③ B, C
④ B, D

15. 한 지역이나 국가의 공중보건을 평가하는 기초자료로 가장 신뢰성 있게 인정되고 있는 것은?

① 질병이환율
② 영아사망률
③ 신생아사망률
④ 조사망률

16. 감염병 관리상 그 관리가 가장 어려운 대상은?

① 만성감염병 환자
② 급성감염병 환자
③ 건강보균자
④ 감염병에 의한 사망자

17. 다음 중 검출이 간편, 정확하고 병원균의 오염을 측정할 수 있어서 수질검사의 지표로 삼는 균은?

① 공중균
② 대장균
③ 이질균
④ 박테리아균

18. 감염병 예방법 중 제2군 감염병이 아닌 것은?

① 풍진
② 홍역
③ 인플루엔자
④ 일본뇌염

19. 자연 식중독의 원인인 버섯의 유독성분은?

① 솔라닌
② 테트로도톡신
③ 무스카린
④ 에르고톡신

20. 미생물의 증식온도에서 중온균의 최적온도는?

① 15~20℃
② 28~45℃
③ 50~80℃
④ 0~15℃

21. 승홍수로 피부소독 시 몇 배로 희석하여 사용하나?

① 100배
② 500배
③ 800배
④ 1000배

22. 혈청이나 약제, 백신 등 열에 불안정한 액체의 멸균에 주로 이용되는 멸균법은?

① 초음파멸균법
② 방사선멸균법
③ 초단파멸균법
④ 여과멸균법

23. 다음 중 아포를 형성하는 세균에 대한 가장 좋은 소독법은?

① 적외선 소독
② 자외선 소독
③ 고압증기멸균 소독
④ 알코올 소독

24. 다음 중 파리가 매개할 수 있는 질병과 거리가 먼 것은?

① 아메바성 이질
② 장티푸스
③ 발진티푸스
④ 콜레라

25. 식품의 혐기성 상태에서 발육하여 신경 독소를 분비하는 세균성 식중독 원인균은?

① 살모넬라균
② 황색 포도상구균
③ 캠필로박터균
④ 보툴리누스균

26. 석탄산의 희석배수 90배를 기준으로 할 때 어떤 소독약의 석탄산 계수가 4 이었다면 이 소독약의 희석배수는?

① 90배
② 94배
③ 360배
④ 400배

27. 다음 중 쓰레기 처리법이 아닌 것은 무엇인가?

① 소각법
② 산화법
③ 퇴비화법
④ 위생적인 매립법

28. 다음 중에서 접촉 감염지수(감수성지수)가 가장 높은 질병은?

① 홍역
② 소아마비
③ 디프테리아
④ 성홍열

29. 다음 중 소독에 영향을 가장 적게 미치는 인자는?

① 온도
② 대기압
③ 수분
④ 시간

30. 다음 중 공중위생감시원의 업무범위가 아닌 것은?

① 영업소 폐쇄명령 이행 여부의 확인
② 위생교육 이행여부의 확인
③ 법령 위방행위에 대한 신고 및 자료 제공
④ 법위생지도 및 개선명령 이행여부의 확인

31. 광역시 지역에서 이·미용업소를 운영하는 사람이 영업소의 소재지를 변경하고자 할 때의 조치사항으로 옳은 것은?

① 시장에게 변경허가를 받아야 한다.
② 관할 구청장에게 변경허가를 받아야 한다.
③ 시장에게 변경신고를 하면 된다.
④ 관할 구청장에게 변경신고를 하면 된다.

32. 다음 중 면허를 받을 수 없는 결격사유에 해당하지 않는 사람은 누구인가?

① 비전염성 결핵환자
② 약물중독자
③ 정신질환자
④ 금치산자

33. 영업소 외의 장소에서 업무를 행한 때 3차 위반 시의 행정처분 기준은 무엇인가?

① 영업정지 15일
② 영업정지 1월
③ 영업정지 2월
④ 영업장 폐쇄명령

34. 위생교육은 일 년에 몇 시간을 받아야 하는가?

① 2시간
② 3시간
③ 5시간
④ 6시간

35. 과태료 처분에 불복이 있는 경우 어느 기간 내에 이의를 제기할 수 있는가?

① 처분한 날로부터 30일 이내
② 처분의 고지를 받은 날로부터 30일 이내
③ 처분한 날로부터 15일 이내
④ 처분이 있음을 안 날로부터 15일 이내

36. 다음 중 공중위생관리법의 목적에 속하지 않는 것은 무엇인가?

① 위생수준의 향상
② 위생관리 서비스를 제공
③ 공중이 이용하는 영업과 시설의 위생관리 사항의 규정
④ 국민의 건강증진에 기여

37. 다음 중 점빼기·귓불 뚫기·쌍꺼풀수술·문신·박피술 그 밖에 이와 유사한 의료행위를 할 때 3차 위반 시의 행정처분 기준은 무엇인가?

① 경고 또는 개선 명령
② 영업정지 2월
③ 영업정지 3월
④ 영업장 폐쇄명령

38. 미용업자가 준수해야 할 위생관리 기준 중에는 영업장안의 유지해야 할 조명도가 있다. 다음 중 미용업자는 영업장안 조명도를 몇 룩스 이상 유지하여야 하는가?

① 55룩스 이상
② 65룩스 이상
③ 75룩스 이상
④ 85룩스 이상

39. 다음 보기의 내용은 무엇에 관한 설명인가?

> 정상인이 사용하는 물품 중에서 어느 정도의 역리학적 효능, 효과를 나타내기 위해 장기적 또는 단기적으로 사용하는 물품이다. 부작용이 없어야 하며 특정부위에 사용가능하다.
> ex) 구강청정제, 치약, 제모제 등

① 화장품
② 의약외품
③ 기능성화장품
④ 의약품

40. 다음 중 산화방지제에 대한 설명으로 적합한 것은?

① 화장품 내에 세균이 번식하는 것을 방지한다.
② 화장품이 산패되는 것을 방지하기 위해서 사용한다.
③ 화장품의 향을 좋게 하기위해 사용한다.
④ 화장품의 변질을 방지하기위해 사용한다.

41. 색조성분에 대한 설명 중 바른 것은?

① 염료와 안료 모두 용제에 녹는다.
② 염료와 안료 모두 용제에 녹지 않는다.
③ 염료는 용매에 녹고, 안료는 녹지 않는다.
④ 염료는 용매에 녹지 않고, 안료는 녹는다.

42. 자외선차단지수(Spf:Sunprotectionfactor)란 자외선차단제품을 사용했을 때와 사용하지 않았을 때의 Med의 비율을 표현한다. Med란?

① 최대흑화량
② 최소흑화량
③ 최대홍반량
④ 최소홍반량

43. 네일 컬러링 방법에 대한 설명 중 옳은 것은?

① 네일 컬러링 서비스는 고객의 연령과 생활습관, 평소 패션스타일, 직업, 고객의 컬러링 선호도 등을 사진 고객 상담 시 조사 및 참고해서 네일 미용인의 취향에 따라 시술한다.
② 네일 컬러링 서비스 시술에 있어 완성도를 높이기 위해 폴리시의 양을 많이 발라주는 것이 중요하다.
③ 네일 컬러링 서비스가 종료된 후에는 폴리시의 병 입구를 깨끗하게 닦아 보관해야 폴리시가 공기와 접촉되어 굳는 것을 예방할 수 있다.
④ 폴리시의 농도가 짙어졌을 때는 뚜껑이 닫힌 컬러 병을 위아래로 흔들어주면 된다.

44. 다음 중 파일의 거칠기를 나타내는 용어는 무엇인가?

① 그리트
② 소프트
③ 에지
④ 하드

45. 다음은 매니큐어에 대한 설명이다. 옳은 것은 무엇인가?

① 손톱 케어, 컬러링 등 전반적인 손의 관리를 의미한다.
② 손톱 케어, 컬러링을 의미한다.
③ 폴리시로 컬러링하는 것을 의미한다.
④ 네일 폴리시 제품을 이르는 말이다.

46. 다음 중 큐티클 오일의 역할이 아닌 것은?

① 큐티클을 부드럽게 해준다.
② 큐티클 제거 작업을 쉽게 할 수 있다.
③ 큐티클과 손톱에 수분 공급 역할도 한다.
④ 아몬드 오일, 아보카도, 조조바, 비타민 E 등이 주성분이다.

47. 다음 중 프렌치 매니큐어의 설명이 아닌 것은?

① 여름에 시술 시 시원해 보인다.
② 신부들이 가장 선호하는 디자인이다.
③ 특별한 사람들에게만 어울리는 디자인이다.
④ 자연 손톱과 거의 같은 색과 흰색을 사용하는 방법이다.

48. 다음 중 네일 팁 서비스 시 글루와 글루 드라이어의 과다 사용으로 통증이 유발되는 손톱의 구조는?

① 네일 베드
② 네일 루트
③ 스트레스 포인트
④ 큐티클

49. 다음 중 젤 네일에 대한 설명이 바르지 않은 것은?

① 젤은 다양한 색상이 있다.
② 폴리시를 바르는 것처럼 발라도 된다.
③ 젤은 농도에 따라 점성이 다르다.
④ 모든 젤의 큐어링 시간은 2분이다.

50. 다음 중 네일 팁을 붙이는 방법으로 바른 것은?

① 네일 팁의 사이즈는 자연 손톱의 옐로우 라인과 스트레스 포인트를 완전히 덮지 않도록 손톱보다 조금 작은 사이즈를 선택한다.
② 글루를 이용하여 팁을 부착할 때는 45˚ 각도를 유지해야 한다.
③ 손가락의 첫 번째 마디를 기점으로 팁을 부착한다.
④ 네일 몰드와 펑거스 같은 질병이 발생될 수 있으니 팁 웰 부분에 버블을 만들어 예방해야 한다.

51. 다음 중 인조 팁 시술 전에 습식매니큐어를 하지 않는 이유는 무엇인가?

① 시술 시간의 절약을 위해서
② 시술 손톱의 주변 피부를 손상시키지 않기 위해서
③ 수분으로 인한 곰팡이나 균의 번식을 막기 위해서
④ 인조 팁의 부식을 막기 위해서

52. 다음은 라이트 큐어드 젤에 대한 설명이다. 옳지 않은 것은 무엇인가?

① 모든 젤의 큐어링 시간은 2분이다.
② 냄새가 없다.
③ 투명도가 높으면 광택이 오래간다.
④ 누구나 부작용 없이 시술이 가능하다.

53. 다음 중 핸드페인팅 완성 후 톱 코트를 충분히 바르지 않았을 경우 생기는 현상은 무엇인가?

① 자연스러운 작품이 된다.
② 작품이 번져 그림이 손상된다.
③ 작품이 선명해진다.
④ 리무버를 사용해도 녹지 않는다.

54. 다음은 인조 팁 접착에 대한 설명이다. 알맞은 것은 무엇인가?

① 글루를 도포할 수 있는 인조 팁의 윗 부분을 웰이라고 한다.
② 자연 손톱보다 웰이 작은 것을 선택한다.
③ 웰의 정지선 이하에 글루가 흐르게 바른다.
④ 인조 팁은 자연 손톱의 위를 1/3 이상 덮지 않는 것이 좋다.

55. 다음 중 네일 랩 시술의 이유로 적당하지 않은 것은 무엇인가?

① 자연 손톱이 찢어져서
② 자연 손톱의 길이를 연장하기 위해서
③ 길고 아름다운 자연 손톱을 위해서
④ 물어뜯은 손톱을 보수하기 위해서

56. 다음 중 아크릴 네일의 문제점이 아닌 것은?

① 냄새가 강하다.
② 아세톤에 녹지 않아 제거할 수 없다.
③ 자외선에 의해 노랗게 변색 될 수 있다.
④ 적절하지 못한 브러싱에 의해 기포가 생길 수 있다.

57. 네일 팁의 보수방법으로 적절하지 않은 것은 무엇인가?

① 글루 드라이로 건조시킨 후 파일링 작업을 해준다.
② 젤 글루를 바른 후 샌딩블록으로 표면정리를 한다.
③ 새로 자라난 자연 손톱 부분에 큐티클 아래로 0.5mm정도 여유를 주고 글루와 파우더로 메워 준다.
④ 새로 자라난 자연 손톱 부분에는 프라이머를 발라준다.

58. 다음 중 아크릴 시술의 유의사항으로 옳지 않은 것은 무엇인가?

① 자외선에 변색되기도 한다.
② 오랫동안 방치한 리퀴드는 누렇게 변한다.
③ 덜어서 사용한 리퀴드는 병에 다시 담아 재사용한다.
④ 아크릴 브러시를 잘못 사용할 경우 기포가 생길 수 있다.

59. 팁 시술 전의 설명 중 틀린 것은?

① 시술자의 손을 소독한 후 시술을 바로 시작한다.
② 팁이 잘 부착될 수 있도록 자연 손톱의 표면정리와 유분기를 제거한다.
③ 프리에지의 길이는 1mm정도로 조정해 준다.
④ 네일 서비스 시술 테이블과 도구 및 재료를 알코올로 소독한다.

60. 다음 중 인조 팁의 관리 및 제거에 대한 설명으로 옳지 않은 것은 무엇인가?

① 자연 손톱에 무리가 가더라도 드릴로 신속히 제거해 준다.
② 새로 자란 자연 손톱과 팁의 턱선을 갈아 준 뒤 글루와 젤로 마무리한다.
③ 팁 시술 후 1~2주에 한 번씩 관리해 주는 것을 원칙으로 한다.
④ 팁 제거는 아세톤에 손톱을 담그거나 아세톤을 묻힌 솜을 손톱에 올리고 호일로 감싼 후에 제거한다.

실전 Test

모의고사
정답 및 해설

모의고사 문제집
네/일/미/용/사

정답 및 해설

01	3	02	3	03	2	04	4	05	1	06	4	07	2	08	2	09	1	10	2
11	2	12	2	13	4	14	3	15	1	16	3	17	4	18	2	19	3	20	4
21	3	22	2	23	2	24	3	25	1	26	3	27	1	28	4	29	2	30	2
31	4	32	1	33	1	34	3	35	3	36	1	37	1	38	1	39	4	40	1
41	1	42	3	43	3	44	1	45	1	46	4	47	3	48	1	49	1	50	1
51	2	52	1	53	2	54	4	55	1	56	1	57	2	58	1	59	1	60	1

01. 1935년 인조 네일이 개발되었다.

02. 소독제는 적정농도는 70%이다.

03. 네일플레이트(=조판, 조체)는 신경과 혈관이 없으며 산소를 필요로 하지 않는다.

04. 손톱은 발톱의 1/2정도의 속도로 성장한다.

07.
① 세포는 크게 핵, 세포질, 세포막의 세 구조로 이뤄져있다.
③ 세포는 인체의 구성 및 기능상의 최소단위이다.
④ 세포막은 세포와 외부를 경계 짓는 막으로, 세포의 형태를 유지하고 선택적 투과성이 있어 세포 안팎으로의 물질 출입을 조절한다.

09. 요골과 척골은 협력하여 하완을 구성하는 뼈이다.

10. 골단판이라고도 하며 이곳이 연골조직일 경우 성장호르몬의 영향을 받아 성장할 수 있으나 골화(석회화)되면 더 이상 세포재생이 이루어지지 않아 성장이 멈추게 된다.

11.
① T림프구는 세포 대 세포의 접촉을 통하여 직접적으로 항원을 공격한다. 세포성 면역이라고도 한다.
③ 각질형성 세포는 면역 조절작용 및 다양한 생물학적 반응조절물질을 생성·및 분비한다.
④ B세포는 체액성 면역이다.

12. 적외선은 인체에 무해하며 근육이완 효과가 있고, 피부 깊이 영양분을 침투시킨다. 발열작용이 있는 적외선은 태양광선의 50%이상을 차지한다.

13. 내인성노화의 대표적 예는 유전이다.

15. 표주박형은 농촌지역에서 생산연령이 유출되는 형태이다.

16. 질병발생의 3요소 : 병인(병원체), 숙주, 환경

17. 석탄산은 피부점막에 자극을 주기 때문에 가장 부적당하다.

19. 개달물 : 물, 우유, 식품, 공기, 토양을 제외한 비활성 매체를 말한다.(의복, 침구, 완구, 책 등)

20. 파리에 의해 전파되는 질병 : 장티푸스, 파라티푸스, 이질, 콜레라 등

21. 기후의 3요소 : 기온, 기습, 기류 쾌적기온=18±2℃
쾌적습도=기온이 18℃ 전·후일 때 40~70%

22. 체감온도의 3요소 : 기온, 기습, 기류

23. 상대습도(비교습도) : 가장 이상적이고 합리적인 온열조건을 지닌 조건

24. 고압증기 멸균법 : 보통 120℃에서 20분간 가열하면 미생물은 완전히 멸균된다.

25. 원슬로의 공중보건학 : 질병예방, 수명연장, 육체적·정신적 효율의 증진

26. 세계보건기구(WHO)의 건강에 대한 정의—육체적·정신적·사회적으로 건전한 상태

27. 리케차가 일으키는 질병:발진티푸스, 발진열, 쯔쯔가무시열, 로키산홍발열

28.

오염물질의 종류	오염허용기준
미세먼지(PM-10)	24시간 평균치 150μg/m³이하
일산화탄소(CO)	1시간 평균치 25ppm 이하
이산화탄소(CO_2)	1시간 평균치 1,000ppm 이하
포름알데히드(HCHO)	1시간 평균치 1200μg/m³이하

29. 산화 살균제인 과산화수소수는 2.5~3.5%의 수용액을 사용하고 피부 소독에 주로 사용하며, 화농성 피부질환 소독이나 인두염, 구내염 또는 구내 세척제로 사용한다.

30. 대장균이 50ml에서 검출되지 않을 것

31. 과징금 통지를 받은 자는 통지를 받은 날부터 20일 이내에 과징금을 시장·군수·구청장이 정하는 수납기관에 납부하여야 한다.

32. 공중위생감시원의 자격, 임명, 업무범위 기타 필요한 사항을 정하고 있는 법령은 대통령령으로 정한다.

33. 미용기구의 소독기준 및 방법은 보건복지부령으로 정한다.

34. 공중위생관리법 제13조(위생서비스수준의 평가) 제1항

35. 영업 신고증의 재교부를 신청 할 수 있는 사항은 신고증을 잃어 버렸을 때, 신고증이 헐어 못쓰게 된 때, 신고인의 성명이나 주민등록번호가 변경된 때이다.

36. 이용사 및 미용사의 면허취소, 면허정지, 공중위생영업의 정지, 일부 시설의 사용금지, 영업소 폐쇄 명령 등의 처분 때에는 청문을 실시하여야 한다.

37. 이·미용업소는 업소 내에 미용업신고증, 개설자의 면허증 원본 및 미용 요금표를 게시하여야 한다.

38. 화장품 4대 요건은 안전성, 안정성, 사용성, 유효성을 말한다.

39. 제2조 1항 화장품의 정의 "화장품" 이라 함은 인체를 청결, 미화하여 매력을 더하고 용모를 변화시키거나 피부, 모발의 건강을 유지 또는 증진하기 위하여 인체에 사용되는 물품으로서 인체에 대한 작용이 경미한 것을 말한다.

40. W/O형은 오일베이스에 수분입자가 들어있는 상태이며 유중수형상태라고 한다.

42. 티로시나제 억제의 기능이 있다.

43. 천연보습인자에서 가장 많이 함유되어 있는 성분은 아미노산Aminoacid40%이다.

45. 먼저 손톱의 길이를 조절한 뒤에 양 사이드의 쉐입을 잡아준다.

49. 발톱이 살 속으로 파고들어가는 '오니코크립토시스' 예방을 위해 스퀘어 모양으로 쉐입을 잡는다.

50. 매니큐어와 패디큐어의 파일링 시에는 한쪽 방향으로 해준다.

51. 손톱이 클 경우에는 큰 사이즈의 인조손톱을 갈거나 잘라서 사용한다.

53. 네일 팁 서비스 시 습기를 먹은 자연손톱은 곰팡이나 균이 번식하기 적당하기 때문에 자연손톱을 불리지 않는다.

54. 네일 폼은 네일 서비스 시술 시 손톱 밑에 끼워 프리에지의 모양을 잡기위해 사용한다. 재질은 알루미늄, 플라스틱, 종이 재질이 있으며 모양은 라운드, 스퀘어, 오벌형으로 나뉜다.

55. 아크릴 스컬프처 시술에서 프리에지의 길이는 1mm정도로 조정해준다.

제2회 실전 Test 모의고사 문제집
네/일/미/용/사

정답 및 해설

01	2	02	1	03	1	04	2	05	1	06	4	07	1	08	4	09	4	10	3
11	2	12	3	13	4	14	4	15	3	16	3	17	2	18	3	19	4	20	1
21	3	22	4	23	2	24	3	25	2	26	2	27	2	28	2	29	4	30	3
31	1	32	4	33	1	34	3	35	3	36	3	37	1	38	2	39	2	40	2
41	1	42	2	43	2	44	4	45	4	46	3	47	4	48	1	49	4	50	4
51	2	52	4	53	4	54	2	55	2	56	4	57	1	58	1	59	3	60	2

01. 1892년 발 전문의사인 시트(Sits)의 조카에 의해 네일 케어가 여성들의 직업으로 미국에 도입되었다.

02. Material Safety Data Sheet(MSDS/재료 안전 자료 표)
화학물질을 안전하게 사용하고 관리하기 위하여 필요한 정보를 기재한 Sheet. 제조자명, 제품명, 성분과 성질, 취급상의 주의, 적용법규, 사고시의 응급처치방법 등이 기입되어 있다. 화학물질 등 안전 Data Sheet 라고도 한다.

03. 큐티클을 너무 바짝 자르면 상처로 인한 감염의 위험이 있으므로 1mm정도 남기고 정리한다.

05. 흡수기능은 피부의 생리기능이다.

07. 미토콘드리아 : 영양물질을 산화시켜 인체에 필요한 에너지 형태인 ATP를 생성한다.

08. 영양분의 흡수는 주로 소장에서 이루어진다.

09. 조혈작용은 골격계의 기능이다.

10. 중추신경계 : 뇌(대뇌, 중뇌, 소뇌, 간뇌, 연수), 척수
말초신경 : 체성신경(뇌신경, 척수신경), 자율신경(교감신경, 부교감신경)

11. 건강한 피부의 pH는 5.2∼5.8이다.

12. 반흔은 속발진의 증상 중 하나이다.

13. 광노화로 인해 표피의 두께는 두꺼워지고 콜라겐의 변성과 파괴로 진피두께가 증가한다.

14. 파상풍 면역 글로불린이나 항독소를 정맥주사하여 독소를 순화한다.

15. 자외선 중 UV C 광선을 이용한 가장 강력한 살균력을 지닌 방법

17.
동남아-New Delhi
아프리카-Brazzaville

18. 공중보건의 정의를 말하자면 질병을 예방하고 생명을 연장할 뿐 아니라 신체적, 정신적 효율을 증진시키는 기술이며 과학이다.

19. 버툴리누스 세균성 식중독 중 치사율이 가장 높은 것이며 테르로도톡신은 복어에 들어있는 유독성분이다. 또한 식중독은 지역의 영향을 많이 받는다.

20. 독소형 식중독의 원인균으로는 황색 포도상구균, 웰치균, 보톨리누스균이있다.

21. 미생물 번식의 증식환경에 영향을 주는 것은 온도, 산소, 수분, 수소이온농도, 삼투압, 영양원이 있다.

22. 보건행정의 일반적 정의 : 공중보건의 목적 달성을 위하여 업무과정의 과학적 관리방식에 의한 능률을 추구하고, 보건사업의 법률적 관계조명 및 국민의 생명연장, 질병예방 등을 위한 행정활동 과정

23 세계보건기구는 한 나라의 힘으로는 어려운 기술적인 지원을 하고 있다.

24. 규폐증은 유해한 분진을 장기간 흡입하는 일을 하는 채광업, 채석업, 연마업 등의 직업에서 많이 발생하는 직업병이다.

25. 3P's란 인구, 빈곤, 공해를 말한다.

26. 접촉여상법, 활성오니법, 살수여상법은 호기성 분해처리법이다.

27. 제2군감염병-디프테리아, 백일해, 파상풍, 홍역, 유행성이하선염, 풍진, 폴리오, B형간염, 일본뇌염, 수두

28. 오염된 풀과 소은 무구조충증(민촌충증)이다. 유구조충증은 돼지사료, 돼지이다.

30. 가스괴저균은 혐기성균에 속한다.

31. 훈증은 살균가스나 증기를 뿌리는 화학적 소독방법이다.

32. 물리적 소독 방법으로 압력을 이용한 증기 멸균기로 아포를 포함한 모든 미생물을 멸균시키는 가장 효과적인 방법이다. 온도 및 적용 시간은 100~135℃에서 20분간 고온의 수증기를 쐬는 방법이다.

33. 소독제의 조건은 취급 방법이 용이해야 하며, 소독 후 즉시 효과를 나타낼 것, 강한 살균력, 저렴함, 간편한 구입, 독성이 없으며 안전성이 있을 것 등이 있다.

34. 피부미용을 위하여 약사법 규정에 의한 의약품 또는 의료용구를 사용하여서는 안된다.

35. 공중위생관리법 제3조의2(공중위생영업의 승계)

36. 면도기는 일회용으로 사용해야 하며 손님 1인에 한하여 사용한다.

37. 평가주기는 2년마다 실시하되, 공중위생영업소의 보건·위생관리를 위하여 특히 필요한 경우에는 보건복지부 장관이 정하여 고시하는 바에 의하여 공중위생 영업의 제 21조의 규정에 의한 위생관리등급별로 평가주기를 달리 할 수 있다.

38.
화장품 : 정상인의피부청결,미화. 보호를위해장기적으로사용가능한물품
의약외품 : 정상인이사용하는물품중에서어느정도의약리학적효능,효과를나타내기위해장기적또는단기적으로사용하는물품을말한다.
의약품 : 환자에게질병치료또는진단을목적으로일정기간사용하는약품을말한다.

39.
밍크오일 : 밍크의피하지방
스쿠알란 : 상해상어간유
미네랄오일 : 광물성오일(석유)

40. O/W형은 물에 오일이 분산되어 있는 수중유형형태이며 촉촉함과 퍼짐성이 우수하지만 지속성이 낮다. ②의 내용은 W/O형 형태의 특징이며 수분지속성은 우수하지만 퍼짐성이 낮다.

41.
에센스 : 고농축되어 있는 활성성분이 수분과 영양을 공급한다.
팩, 마스크 : 노폐물을 제거하고 혈액순환을 촉진한다.
화장수 : 피부보습, 수렴, 청량감을 부여한다.

42.
펄안료 : 광택을 부여하고 질감을 변화시킨다.
착색안료 : 주성분으로 산화철. 레이크가 있고, 백색안료와 함께 커버력을 높인다.
체질안료의 주성분으로는 탈크, 카오린, 마이카 등이 있다.

43. 네일 팁 시술을 통하여 약하고 부러지기 쉬운 손톱의 강도를 보완해준다.

44. 폴리시는 굳는 것을 방지하기 위해 사용 후 병의 입구를 닦아서 보관해야 한다.

47. 스포이트는 용액 종류를 위생적으로 손쉽게 덜어 쓸 수 있게 해주는 도구이다.

48. Nail bleach(네일 미백제)는 외부오염 물질로부터 누렇게 변색된 손톱 표면을 탈색시켜 미백을 돕는다.

49. 토우 세퍼레이터는 패디큐어 시 발톱에 컬러링이나 아트 서비스가 손상되지 않도록 발가락 사이에 끼워 주는 도구이다.

51.
기구:도구, 기계 따위를 통틀어 이르는 말이다. 소모되지 않고 지속적으로 오래 사용하는 것을 말한다.
예) 재료 받침대, 시술의자, 네일 테이블 등
도구:일을 할 때의 연장을 통틀어 이르는 말이다. 네일 시술 시에 사용되는 모든 것을 지칭하며 꼭 소독 처리와 관리를 해야만 지속적인 사용이 가능하다.
예)클리퍼, 핸드 드릴, 더스티 브러시 등

52. 네일 팁 부착 전 손톱에 유분기가 있으면 네일 팁이 잘 붙지 않는다.

53 아크릴 스컬프처는 자연 손톱을 보강하고 길이를 연장시키는 매우 단단한 인조 네일 서비스이다.

54. 네일 폼은 자연손톱의 큐티클 라인과 손톱 끝부분이 일직선이 되어야 한다.

01	4	02	3	03	1	04	4	05	3	06	1	07	1	08	4	09	3	10	4
11	4	12	3	13	3	14	3	15	3	16	2	17	2	18	2	19	1	20	4
21	4	22	4	23	2	24	2	25	4	26	2	27	2	28	2	29	3	30	1
31	2	32	2	33	2	34	1	35	4	36	1	37	3	38	3	39	4	40	4
41	2	42	4	43	1	44	3	45	4	46	3	47	2	48	3	49	4	50	4
51	4	52	3	53	4	54	1	55	2	56	2	57	4	58	4	59	2	60	4

02. 화학물질의 과다노출 시 발생 가능한 증상–피부발진 및 염증, 가벼운 두통, 불면증, 콧물과 눈물, 목이 마르고 몸이 피곤하며 나른함, 발가락이 따끔거림이 있다.

03. MSDS 기재사항 : 위험첨가물에 대한 정보, 보건 위험, 물리적 위험성, 신체 적합성, 화학물질의 발암 위험성, 주의 사항과 취급방법, 보호나 예방 조치, 긴급 및 응급 절차, 보관 및 처리방법

04. 네일 폴드는 네일 주변의 피부이다. 네일 멘틀이라고도 하며 네일 루트가 묻혀 있는 손톱 베이스에 피부가 깊이 접혀 있는 부분을 말한다.

10. 뇌 중에서 기초생명 활동조절부위는 연수이다.

11. ①, ③은 노화피부
② 모세혈관은 확장과 수축을 반복하기 때문에 모세혈관 확장피부는 혈관이 이완된 상태이다.

13. ①은 오류설, ②는 신경피로설, ④는 독소설의 이론이다.

14. 우리나라는 1949년 65번째로 서태평양 지역에 가입하였다.

15. 지역사회 공중보건사업계획에서 가장 먼저 조사되어야 할 사항은 보건통계자료이다.

16. 치료는 의료영역이다.

18. 보툴리누스 식중독 균은 통조림, 소세지 등의 식품을 혐기성 상태에서 발육하여 신경독소를 분비한다.

22. 세계보건기구(WHO)의 건강에 대한 정의는 육체적·정신적·사회적으로 건전한 상태를 말한다.

24. ① 살균 ③ 멸균 ④ 방부

25. 산화수소는 자극성이 적어 피부, 구내염, 입 안 상처 등의 소독에 이용하며 병원체를 산화시켜 살균한다.

26. 24시간 평균 실내 미세먼지의 양이 150 $\mu g/m^3$을 초과하는 경우에 실내공기 정화시설(덕트) 및 설비를 교체 또는 청소해야 한다.

28. 사회보장이란 질병, 장애, 노령, 실업, 사망 등의 사회적 위험으로부터 모든 국민을 보호하고 빈곤을 해소하며, 국민생활의 질을 향상시키기 위하여 제공되는 사회보험, 공공부조, 사회복지 서비스 및 관련 복지제도를 말하는 것이다.

29. 공수병은 광견병의 다른 이름이다.

30. 일산화탄소(CO)는 1시간 평균치 25ppm 이하이다.

31.
*1차 위반에 면허취소
① 국가기술자격법에 따라 미용사자격이 취소된 때
② 이중으로 면허를 취득한 때
③ 법 제6조 제2항 제1호 내지 제4호의 결격사유에 해당한 때
*1차 위반에 면허정지─면허증을 다른 사람에게 대여한 때

32. 공중위생영업자가 공중위생관리법, 매매알선 등 행위의 처벌에 관한 법률, 풍속영업의 규제에 관한 법률, 청소년보호법, 의료법에 위반할 시 관계행정기관의 장의 요청이 있는 때에는 6월 이내의 기간을 정하여 영업의 정지, 일부시설의 사용중지를 명하거나 영업소 폐쇄 등을 명할 수 있다.

34. 해설 오염물질의 종류와 오염허용 기준은 보건복지부령으로 정한다.

35.
보건복지부령이 정하는 중요사항
· 영업소의 명칭 또는 상호
· 영업소의 소재지
· 신고한 영업장 면적의 3분의 1이상의 증감
· 대표자의 성명(법인의 경우에 한한다)
· 공중위생관리법 시행령 제4조 제2호 각 목에 따른 미용업 업종 간 변경

36.
1차위반 : 경고 또는 개선명령
2차위반 : 영업정지 15일
3차위반 : 영업정지 1월
4차위반 : 영업장 폐쇄명령

37. 고등기술학교에서 '1년 이상' 이수 또는 미용에 관한 소정의 과정을 이수한자

38. 데오도란트는 땀의분비를 억제하는 제품으로 바디화장품에 속한다.

39.
알로에 : 선인장에서 추출
클로로필 : 녹색식물류에서 추출
알란토인 : 컴프리뿌리나 구더기에서 추출

40.

구분	향의 농도	지속시간
퍼퓸(Perfume)	15~30%	6–7시간
오데 퍼퓸(Eau de Perfume)	9~12%	5–6시간
오데 토일렛(Eau de Toilet)	6~8%	3–5시간
오데 코롱(Eau de Cologne)	3~5%	1–2시간
샤워 코롱(Eau de Cologne)	1~3%	1시간

41. 아미노산은 천연보습인자이며 보습의 효과가 우수하다.

42. 수증기증류법 : 수증기를 씌워 증류하는 방법이다. 증류된 뒤 다시냉각을 시키면 액체상태가 되어 에센셜오일은 뜨고 물은 가라앉는다.
압착법 : 짜는 방법으로 추출한다.
용제추출법 : 솔벤트나 알코올과 함께 가열한 뒤 솔벤트를 제거한 후 얻어내는 방법이다.

43. 파일의 그리트(Grite) 숫자가 낮을수록 파일의 입자가 거칠고 강하며, 숫자가 높을수록 파일의 입자가 곱고 부드럽다.

44. 폴리시의 지속성을 높이기 위하여 프리에지 끝부분까지 잘 발라주어야 한다.

46. ①의 설명은 습식 소독기, ②은 에어 컴프레서. ④의 면도날은 1회용이며 재사용이 불가능하다.

47. 상처부위의 혈액응고를 위해 뿌려주는 것은 지혈제이다.

49. 오니코크립토시스는 발톱이 살 속으로 파고들어 염증을 동반하는 증상이다.

50. 발은 신체 건강의 근원이며 '제 2의 심장'이라고 칭할 만큼 우리 신체의 건강상태와 발의 건강은 깊은 연관성을 갖는다. 발 마사지를 통하여 혈액순환을 촉진시키고 대사능력을 활성화시켜 발 근육의 스트레스를 감소시키고 건강하고 아름다운 발을 유지할 수 있도록 한다.

51. 네일 팁은 플라스틱, 나일론, 아세테이트 재질로 되어 있기 때문에 탄력성과 유연성을 모두 가지고 있다.

54. 프라이머는 자연 손톱의 유분기를 제거하여 아크릴의 접착력을 높여주고 방부제 역할을 한다.

59. 하드 젤은 드릴이나 파일을 이용하여 제거해야 한다.

60. ④ 내용은 아크릴 네일 보수에 대한 설명이다.

실전 Test
모의고사 문제집
네/일/미/용/사

정답 및 해설

01	1	02	2	03	3	04	1	05	3	06	4	07	3	08	3	09	4	10	3
11	3	12	1	13	2	14	3	15	1	16	4	17	4	18	3	19	2	20	2
21	4	22	1	23	1	24	1	25	1	26	3	27	2	28	2	29	3	30	3
31	2	32	2	33	1	34	1	35	3	36	1	37	1	38	1	39	2	40	1
41	4	42	3	43	2	44	2	45	2	46	2	47	3	48	4	49	3	50	4
51	4	52	3	53	4	54	3	55	2	56	4	57	4	58	3	59	2	60	1

01. 하루에 약 0.01mm 정도 자라며 한달에 약 3~5mm 정도 자란다.

02. 주술적인 의미로 전쟁터에 나가는 군사들의 입술과 네일에 같은 색을 칠해 승리를 기원함으로써 남성의 네일 관리가 시작되었다.

04. 리보솜:RNA유전정보에 따라 단백질합성(효소생성)이 일어나는 장소이다.

05. 척수신경은 31쌍이다.

06. 배부(등)근육으로는 승모근, 광배근, 견갑거근 등이 속한다. 비복근은 종아리 근육이다.

07.
*안륜근: 눈을 둘러싸고 있어 뜬눈의 크기를 조절하는 둥근모양의 괄약근, 눈을 감고 윙크하고 깜박거리는데 사용
*구륜근: 입을 둘러싸고 있는 괄약근, 입을 다물거나 입술을 오므리는데 사용

08.
*하지골(다리뼈): 대퇴골(인체에서가장긴뼈),슬개골, 경골, 비골, 족근골(7개), 중족골(5개), 족지골(14개)
*상지골(팔뼈): 상완골, 요골, 척골, 수근골(8개), 중수골(5개), 수지골(14개)

09. 비타민B3 : 펠라그라, 구내염, 피부염, 설사, 불면증

10. 에르고스테롤은 비타민D의 전구물질이다.

11. 한선에서는 땀의 분비가 이루어지며 노화가 진행되면 땀의 분비가 감소된다.

13. 탄수화물, 단백질, 지방은 열량소이고 비타민은 조절소이다.

14. "공중위생관리법"은 공중이 이용하는 영업과 시설의 위생관리 등에 관한 사항을 규정함으로써 위생수준을 향상시켜 국민의 건강증진에 기여함을 목적으로 한다.

15. "미용업"이라 함은 손님의 얼굴 · 머리 · 피부 등을 손질하여 손님의 외모를 아름답게 꾸미는 영업을 말한다.

16. 아황산가스가 자극성 취기가 없고 자극성도 없다.

17. 인수공통 감염병이란 사람과 동물 사이에 전파될 수 있는 질병으로 특히 동물이 사람에 옮기는 감염병을 말한다.

18. 소독약의 희석배수/석탄산의 희석배수 =석탄산 계수
180/90=2.00

20. 보툴리누스 식중독 균은 통조림, 소세지 등의 식품을 혐기성 상태에서 발육하여 신경독소를 분비한다.

21. 승홍액은 섬유류, 유리, 목재, 도자기 등의 소독에 이용하며 독성이 강해 식기류나 금속류에는 사용하지 않는다.

22. A형 간염은 지정, 레지오넬라증, 한센병은 제3군이다.

23. 승홍에 소금을 섞을 경우 용액이 중성이 되고 자극성이 완화되며 소독력이 강해진다.

24. 자비소독법, 고압증기멸균법, 간헐멸균법은 물리적 소독법 중 습열법에 해당한다.

25. 소각법은 불에 태워 멸균시키는 방법으로 병원균에 오염된 가운, 거즈, 수건, 휴지 등을 처리하는 방법이다.

26. 아포를 포함한 모든 미생물을 멸균시키는 가장 효과적인 방법으로 압력을 이용한 증기 멸균기이다.

27. 손 소독시에는 1~2% 혼합, 환자의 배설물 · 토사물 · 객담소독시에는 크레졸 비누액 3%와 물 97%혼합

28. 습열법에 해당하는 종류로는 자비소독법, 고압증기멸균법, 간헐멸균법, 유통증기소독법, 저온소독법등이다. 건열멸균법은 건열법이다.

29. ①, ②, ④ 모두 병원성 미생물이다.

30.
렙토스피라증 : 감염된 동물의 소변이 원인으로 점막이나 상처난 피부를 통해 감염
트라코마 : 성교 시 점막 삼출물의 접촉으로 감염
파라티푸스 : 보균자나 환자의 대소변과 직 · 간접적으로 접촉할 때 감염

31. 시장 · 군수 · 구청장이 과징금을 가중하는 때에도 과징금의 총액이 3000만원을 초과할 수 없다.(시행령 제7조의2제2항)

32. 200만원 이하의 과태료를 부과하는 경우는 다음과 같다.
· 미용업소의 위생관리의무를 지키지 아니한 자
· 영업소 외의 장소에서 이용 또는 미용업무를 행한 자
· 위생교육을 받지 아니한 자

33. 영업소에 대한 출입 · 검사와 위생감시 실시의 주기 및 횟수 등 위생관리등급별 위생감시 기준은 보건복지부령으로 정한다.

34. 이·미용업소에서 1회용 면도날은 손님 1일에 한하여 사용하여야 한다.

35. 시장·군수·구청장은 공중위생영업자가 영업소폐쇄명령을 받고도 계속하여 영업을 하는 때에는 관계공무원으로 하여금 당해 영업소를 폐쇄하기 위하여 다음의 조치를 하게 할 수 있다.
· 당해 영업소의 간판 기타 영업표지물의 제거
· 당해 영업소가 위법한 영업소임을 알리는 게시물 등의 부착
· 영업을 위하여 필수불가결한 기구 또는 시설물을 사용할 수 없게 하는 봉인

36. 공익상 또는 선량한 풍속을 유지하기 위하여 필요하다고 인정하는 때에 영업을 제한 할 수 있는 주체는 시·도지사이다.

38. 지방알콜은 합성오일에 속하는 유성원료이다.

39. 정발기능이란 모발을 원하는 형태로 만들고, 원하는 형태로 고정시키는 기능을 하는 제품을 말하며 헤어크림, 헤어로션, 헤어무스, 헤어젤 등을 포함한다.

41. 천연보습인자에서 가장 많이 함유되어 있는 성분은 아미노산(Aminoacid)40%이다.

42. 정유는 극히 소량일지라도 희석하여 사용해야 한다.

43. 폴리시가 뭉치거나 결이 가지 않도록 하려면 폴리시브러시를 45˚각도를 유지해야 한다.

44. 더스트 브러시는 소독하여 청결하게 관리해 사용하는 네일 도구이다.

48. 인조 손톱에는 100그리트(Grite)부터 적용할 수 있다.

49. 오렌지 우드스틱은 손톱 주변의 큐티클을 밀어 올리거나 네일 주변에 묻은 폴리시를 수정할 때 등에 사용하며 일회용이다.

50. 모든 네일관리의 시술 전에는 소독과 위생을 위해 시술자와 피시술자 모두 안티셉틱을 이용해 소독을 해야 한다.

51. 베이스 코트는 네일 폴리시를 바르기 전에 바르는 것이다. 네일 폴리시가 자연 손톱에 스며들어 변색되는 것을 막아주며, 네일 폴리시를 부드럽게 밀착시키는 역할을 한다.

55. 젤은 상온에서 셀프 레벨이 이루어진다. 따라서 표면정리와 두께의 자유로운 조정이 가능하다.

제5회 실전 Test 모의고사 문제집
네/일/미/용/사

정답 및 해설

01	1	02	2	03	3	04	1	05	3	06	2	07	3	08	4	09	2	10	2
11	2	12	2	13	3	14	3	15	2	16	3	17	2	18	3	19	3	20	2
21	4	22	4	23	3	24	3	25	4	26	3	27	2	28	1	29	2	30	3
31	4	32	1	33	4	34	2	35	2	36	2	37	4	38	3	39	2	40	2
41	3	42	4	43	3	44	1	45	1	46	3	47	3	48	1	49	4	50	2
51	3	52	1	53	2	54	1	55	3	56	2	57	4	58	3	59	1	60	1

01. 중국의 상류층은 남녀 모두 5인치 정도 길러 보석이나 대나무 등으로 장식. 손톱을 보호하였는데 역사상 가장 긴 손톱으로서 이는 부의 상징의 표시였다.

02. 안전기에 반드시 정격퓨즈를 사용하여야 한다.

05. 포도당에 대한 설명이다.

06. 간의 주요 기능 : 양분의 전환 및 저장. 혈당량 조절, 담즙 생성 및 분비, 해독작용, 요소 합성, 체온조절, 혈장단백질 합성 등 500여 가지가 넘는다.

07. 소화기 계통:입-인두-식도-위-소장-대장-항문

10.
① 피지분비는 테스토스테론에 의해 촉진된다.
③ 피지선이은 50대 이후에 퇴화된다.
④ 땀이 많이 분비되는 건 다한증이다.

11. 피하지방은 에스트로겐과 연관이 있다.

12. 피지증가의 원인은 프로게스테론이다.

13. 한선에서는 땀의 분비가 이루어지며 노화가 진행되면 땀의 분비가 감소된다.

16. 감염에 의한 임상증상이 전혀 없는 건강보균자는 건강인과 다름없는 외관 때문에 아주 건강해 보이므로 관리가 가장 어렵다.

18. 홍역 · 풍진 · 일본뇌염 등은 제2군 감염병, 인플루엔자는 제3군 감염병이다.

19. 독버섯은 무스카린이라는 유독성분이 있으며 특징은 색이 아름답고 선명하다.

20.
저온균의 최적온도 15~20℃
중온균의 최적온도 28~45℃
고온균의 최적온도 50~80℃

21. 피부소독 시에는 0.1%(1/1000) 용액을 이용하여 소독한다.
독성이 아주 강하여 점막을 자극한다. 금속을 부식시킨다.
온도가 높을수록 살균력이 강하다.

22. 여과멸균법은 열을 가할 수 없는 물질에 이용한다. 바이러스가 통과하는 불완전 소독법이다.

23. 압력을 이용한 증기 멸균기인 고압증기 멸균 소독은 아포를 포함한 모든 미생물을 멸균시키는 가장 효과적인 방법이다.

24. 파리가 매개할 수 있는 질병–아메바성 이질, 장티푸스, 콜레라, 파라티푸스, 결핵, 세균성질병, 결핵, 나병 등

25. 혐기성 세균인 보톨리누스균은 산소가 없는 곳에서만 잘 증식한다. 통조림, 소시지와 같은 식품이 원인식품이 되어 30% 이상의 치사율을 보인다. 상한식품에서 증식한 세균이 뿜은 독소로 독소형 식중독의 대표균이다.

26. 석탄산 계수 = 소독약의 희석배수/석탄산의 희석배수

27. 산화법은 쓰레기 처리법이 아닌 하수처리방법의 일종이다.

28. 접촉감염은 환자·보균자 또는 병원체가 부착한 의복 물품 등에 직접 피부가 닿거나 기침·재채기 등을 통하여 감염되는 감염병으로 감염지수가 가장 높은 질병은 대부분 사람이 한번 쯤 걸릴 수 있는 홍역이다.

29. 미생물을 소독하여 감염을 없애기 위해서는 온도, 산소, 수분, 수소이온농도, 삼투압, 영양원 중 하나만 깨뜨려도 소독의 결과를 볼 수 있다.

30.
공중위생감시원의 업무범위
· 시설 및 설비의 확인
· 위생교육 이행여부의 확인
· 법위생지도 및 개선명령 이행여부의 확인
· 공중이용시설의 위생관리상태의 확인·검사
· 공중위생영업소의 영업의 정지, 일부 시설의 사용중지 또는 영업소 폐쇄명령 이행 여부의 확인
· 공중위생영업 관련 시설 및 설비의 위생상태 확인·검사, 공중위생영업자의 위생관리 의무 및 영업자준수사항 이행여부의 확인

32. 면허를 받을 수 없는 결격사유에 해당하는 사람은 공중의 위생에 영향을 미칠 수 있는 감염병환자로서 보건복지부령이 정하는 자이다.

33. 행정처분기준
1차위반 시 : 영업정지 1월
2차위반 시 : 영업정지 2월
3차위반 시 : 영업장 폐쇄명령

34. 미용업 영업자는 매년 위생교육을 받아야 하며 1년에 3시간으로 한다.

35. 과태료 처분에 불복이 있는 자는 그 처분의 고지를 받은 날로부터 30일 이내에 처분권자에게 이의를 제기할 수 있다.

36. 공중위생관리법의 목적은 공중이 이용하는 영업과 시설의 위생관리 등에 관한 사항을 규정함으로써 위생수준을 향상시켜 국민의 건강증진에 기여함을 목적으로 하는 것이다.

37. 행정처분기준
· 1차위반 시 : 영업정지 2월
· 2차위반 시 : 영업정지 3월
· 3차위반 시 : 영업장 폐쇄명령

38. 미용업자는 영업장안의 조명도를 75룩스 이상이 되도록 유지해야 한다.

40. ①, ④은 방부제의 기능이며, ③은 방향제에 대한 설명이다.

41. 염료는 용매에 녹고, 안료는 용매에 녹지 않는다.

42.
$$SPF(자외선차단지수) = \frac{자외선\ 차단제를\ 도포한\ 피부의\ 최소\ 홍반량(MED)}{자외선\ 차단제를\ 도포하지\ 않은\ 피부의\ 최소\ 홍반량(MED)}$$

43.
① 네일 컬러링 서비스는 네일 미용인의 취향이 아닌 사전 고객 상담 시 조사한 내용을 참고하여 최신 네일 트렌드 경향과 접목시켜 시술해야 한다.
② 폴리시의 양은 뭉치거나 결이 가지 않도록 손톱의 표면적에 따라 적절하게 조절해야 한다.
④ 폴리시 병을 위아래로 흔들면 컬러링 시 손톱의 표면에 기포가 발생될 수 있다. 컬러 병을 양손바닥으로 감싸 쥔 후 좌우로 돌려주어야 한다.

45. 매니큐어의 어원은 라틴어 마누스(Manus)와 큐라(Cura)에서 유래되며 핸드 케어(Hand Care)의 의미를 가지고 있다.

49. 제품 특성이나 시술 과정에 따라 젤의 큐어링 시간은 달라진다.

50. 네일 팁의 사이즈는 딱 맞거나 손톱보다 조금 큰 사이즈를 선택한다.
손가락의 두 번째 마디를 기점으로 팁을 교정하여 부착하면 손가락을 길고 곧아보이게 한다. 팁 웰 부분에 버블이 발생 될 경우 팁이 잘 떨어지거나 네일 몰드와 펑거스 같은 질병이 발생될 수 있다.

57. ④ 내용은 아크릴 네일 보수에 대한 설명이다.

59. 시술자의 손을 소독한 후 고객의 손을 소독한다. 그 후 시술을 시작한다.

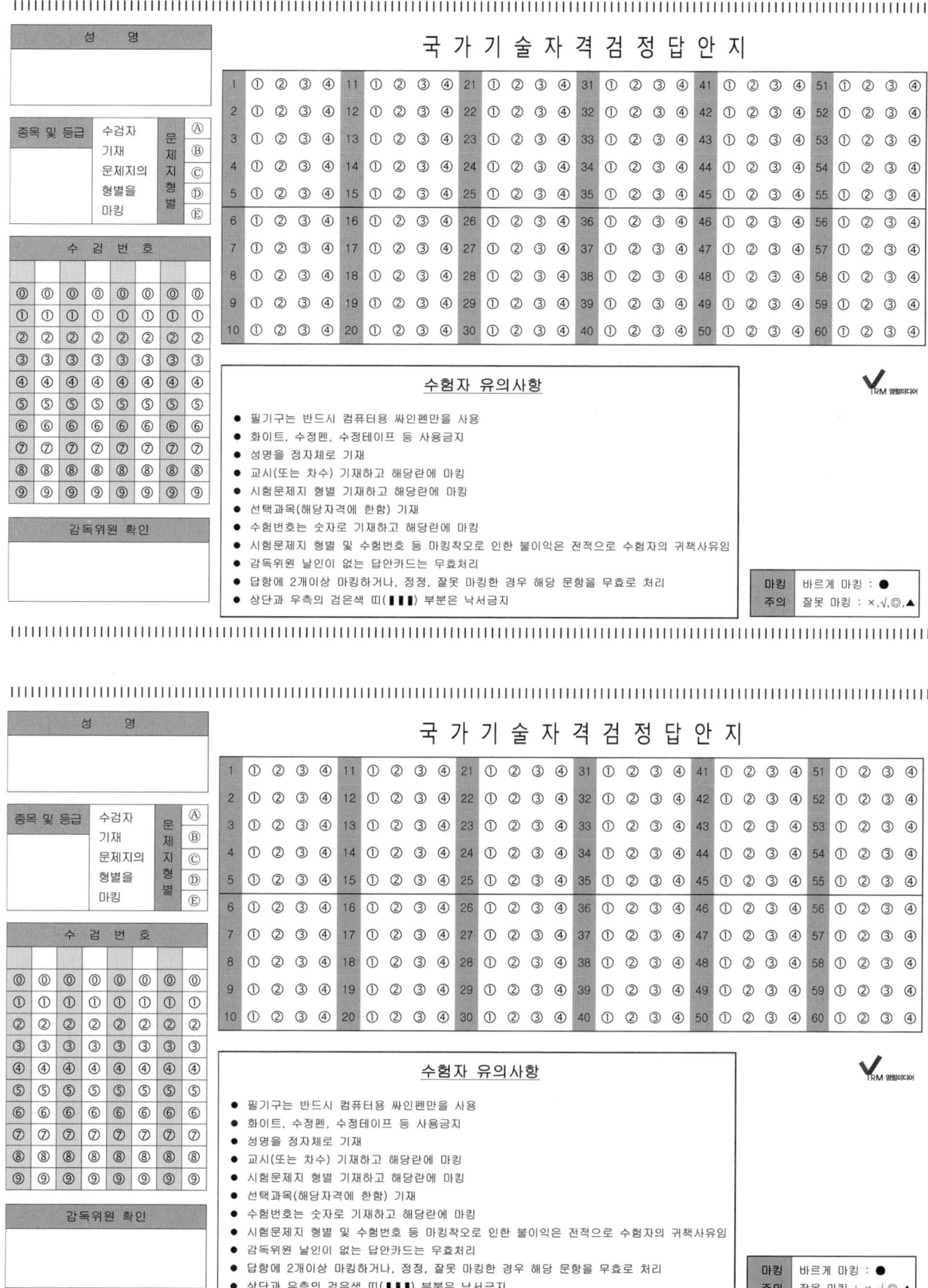

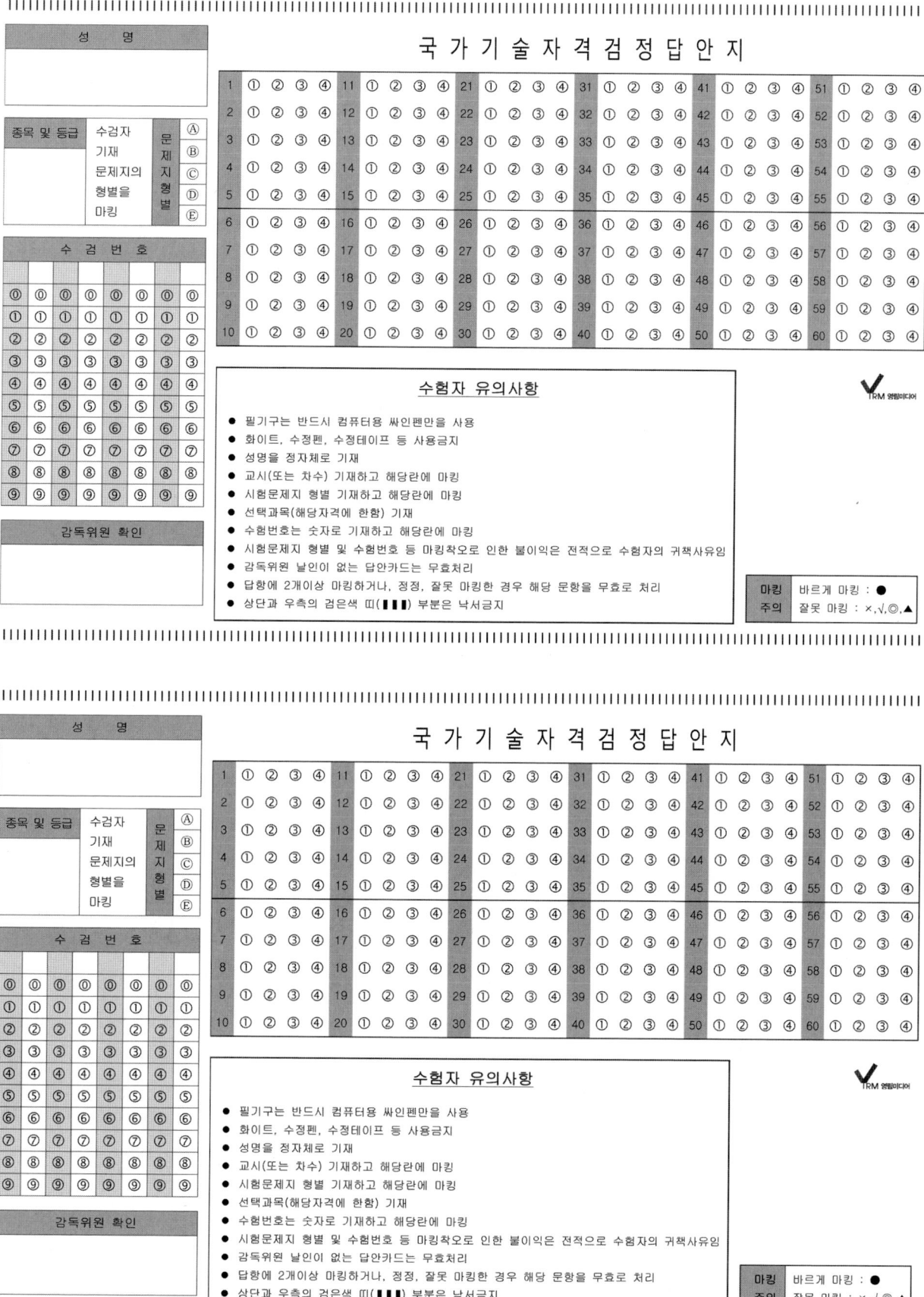